Community Supported Agriculture

農業大国アメリカで広がる「小さな農業」

進化する産直スタイル「CSA」

河北新報記者 門田一徳

家の光協会

はじめに

日本では今、オーガニック関連のマーケットが急成長しています。

全国の百貨店やスーパーにはオーガニック野菜の常設コーナーが置かれ、東京や神奈川にはオーガニックの専門スーパーが次々と誕生しています。東京・新宿の百貨店では、フロア全体にオーガニックのコスメやフードなどをそろえたショップが人気を呼んでいます。オーガニック食品の市場規模は年間4000億円を超えるとの推計もあります。

私は2016年秋から10カ月、家族とニューヨーク州のイサカという町で暮らしました。ニューヨークでは、オーガニック食材が近所のファーマーズマーケットからマンハッタンのデパートまで街のあちこちにあり、暮らしに浸透していました。でもその時、日本でこんなに早くオーガニック食材が身近な存在になるとは思いもしませんでした。

この本のキーワードは、食べる人（消費者）と作る人（生産者）をつなぐ「CSA（コミュニティー支援型農業）」という取引手法です。アメリカでは、C

SAがオーガニック食材を直接取引する手法として定着しています。日本ではまだ珍しいこのCSAの手法から、オーガニックを取り入れたニューヨークの人たちの食生活、コミュニティーづくり、ライフスタイルに迫ります。

私が暮らしたイサカは、作る人の顔が見える「小さな農業」と食べる人の距離が近く、双方のフラット（対等）な関係がとても印象的な地域でした。「ウエストヘブン農場」のジョン・ボケア＝スミスさんは、農業を始めて間もない1992年にCSAに挑戦しました。周りにまだCSA農家はいませんでしたが、仲間たちに「超かっこいいじゃないか」「どうしてやらないんだ」と熱心に口説かれたそうです。今では、そのCSAがポートランドやボストンなど都市部を中心にアメリカ各地に定着しています。

この本は、アメリカ人を引きつけるCSAの仕組みと魅力をあなたに伝えたくて書きました。そしてぜひ、あなたの周りの人たちを誘ってみてください。「CSAやってみようよ」

目次

本書について
●データは取材時のものです。
●１ドルは１１０円で計算しています。

ブックデザイン　パイカットアイ・安東洋和
校正　高橋和敬
DTP制作　天龍社

第1章　なぜアメリカでCSAが拡大したのか

「日本人はスシとテンプラを毎日食べている」。日本の食卓をよく知らない外国の人は、そうイメージしているかもしれません。でも、日本人にとって、すしや天ぷらはどちらかというと特別なハレの日のメニューではないでしょうか。イメージと現実のギャップは新しい発見の入り口です。この本ではまず、日本人が描くアメリカ農業のイメージと現実の話から始めたいと思います。

アメリカの巨大農場はわずか4%

あなたはアメリカの農業と聞いて、どのような風景をイメージしますか？　地平線まで延々と続く広大な農地に、小型飛行機を使って種をまき、ブルドーザーのような農機で一気に作物を収穫する。こんなイメージではないでしょうか。

でも、アメリカでこのような大掛かりな経営をしている生産者はほんの一握りです。農務省の「2012年農業センサス」によると、左ページの表のようにアメリカには約211万戸の農場があり、そのうち私たちが頭に浮かべるような2000エーカー（約800ヘクタール）を超える「巨大農場」は、わずか4%しかありません。実に26戸に1戸の割合です。2000エーカーというと、東京ディズニーリゾート4個分の面積に相当します。これだけ広ければ小型飛行機で種まきするのも理解できます。でも、これはほんの一握りの生産者の話なのです。

アメリカの農場の多くは、家族経営の小規模生産者です。全体の7割が農地面積180エーカー（約72ヘクタール）未満です。日本の生産者とそれほど変わらない10エーカー（約4ヘクタール）未満の農場も1割強あります。アメリカの1農場当たりの平均農地面積は434エーカー（約174ヘクタール）ですから、わずか4%の農場が平均面積を押し上げ、「アメリカ農業＝巨大農場」というイメージをつくり上げていることが、このデータからも分かります。

もう一つ質問です。あなたには農家の友人がいますか？　大都市に住んでいるほとんどの方は「いない」と答えるのではないでしょうか。私が暮らしている米どころの宮城県でも、農家はなかなか巡り合えない貴重な存在です。

農家の友人ができにくい理由は簡単です。農家が減っているからです。農林水産省の「２０１５年農林業センサス」によると、日本の農業就業人口は約２１０万人。農業をなりわいとする日本人は61人に１人しかいないのです。２００５年には約３３５万人いましたから、この10年で約１２５万人減ったことになります。岩手県の総人口が約１２８万人です。つまり、岩手県民とほぼ同じ数の農家が10年でいなくなったわけです。都道府県別にみると、東京都は農家が極めて貴重な存在であることが分かります。実に都民１２３０人に１人の割合です。東京で普通に暮らしているだけでは農家に出会える気がしません。

では、漁師の友人はどうでしょう？　水産業は農業よりもさらに出会いのハードルが高くなります。「２０１３年漁業センサス」によると、日本の漁業者人口はたったの18万人。日本人の７０２人に１人の割合です。東京都は１万３９０４人にわずか１人です。あなたが東京都民で漁師に巡り合えたとしたら、かなりの幸運の持ち主です。都内のスーパーに行けば多種多様

アメリカの面積別農場数

面積（エーカー）	農場（戸）	割合（%）
１０未満	223634	11
１０～	589549	28
５０～	634047	30
１８０～	346038	16
５００～	142555	7
１０００～	91273	4
２０００～	82207	4
計	2109303	

「2012年農業センサス」より
1エーカー=約0.4ヘクタール

な魚介類の並んだ鮮魚コーナーがあります。でも、住民がその魚介類を取っている漁師に出会うのは至難の業に思えます。

アメリカでも農家は減少を続けていますが、農地面積別にみると増えている層があります。「2012年農業センサス」によると、2002年からの10年間で約2万戸の農場が減りました。でも、この10年間で50エーカー（約20ヘクタール）未満の小規模農場は7万戸以上も増えています。減少が著しいのは2000エーカーに満たない中規模農場です。小規模農場は規模拡大や効率化によって淘汰《とうた》されるどころか逆に数が増えているのです。

CSAは「食のシーズン券」

アメリカの農場の大多数を占める小規模農場は、農地面積が10倍も20倍も違う大農場とどのように渡り合っているのでしょう。彼らは値段の安さや作業効率で立ち向かっているのでしょうか。いいえ、そうではありません。化学的に製造された殺虫剤、殺菌剤、除草剤、肥料を使わず野菜を栽培するオーガニック、新鮮さ、完熟度、顔の見える関係性など、規模が小さく、消費者との距離が近いからできる特性を生かして持続的な経営を実現しています。

巨大農場と一線を画す小規模生産者が消費者と直接つながるために活用するプラットホームがあります。「コミュニティー・サポーティド・アグリカルチャー（Community Supported

Agriculture)」です。頭文字を取ってＣＳＡという略語で呼ばれます。日本では「地域支援型農業」や「地域が支える農業」などと訳されます。

ＣＳＡを運営するのは主に生産者や生産者団体で、消費者は気に入った生産者のＣＳＡに会費を払って入会します。会員は決まった受け渡し日に、都市部では、段ボール箱やプラスチック袋に入った6種から10種の新鮮な完熟野菜セットを教会や公園などの会場でＣＳＡ生産者から受け取ります。郊外では、近くのＣＳＡ農場を訪れて野菜を受け取ります。

農場で受け取った新鮮な野菜を手にするＣＳＡ会員

ＣＳＡは簡単に言うと、生産者と消費者が小売業者や流通業者を通さず直接つながり、継続的に農産物や食材を取引する手法です。生産者は経費を抑えて売り上げを安定させることができ、消費者はスーパーなど小売店よりも割安で、完熟した新鮮な野菜を購入できます。イメージとしては、スキー場のシーズン券やプロ野球の年間シート、遊園地の年間パスポートに似ています。スキー場のシーズン券は会員が期間中に何日でもリフトを使えるので、スキー場に行く回数が増えるほど、毎回チケットを買うよりも割安になります。スキー場の運営サイドも悪天候などによる来場者の落ち込みを心配せずに済み、収入が安定します。プロスポーツの年間シートや遊園地の年間パスポートも狙いは同じで、会員と運営者双方にメリットがある仕組みです。

ＣＳＡはこのシーズン券や年間パスポートの食べ物バージョンで、いわば「食のシーズン券」のような仕組みです。生産者と消費者双方が幸せになるウィンウィンの取引手法といえます。

農務省は２０１５年、ＣＳＡを含む直接販売の調査結果を公表しました。それによると、ＣＳＡを実践する農場数は７３９８戸、年間売上総額は、約2億２６００万ドル（約２４９億円）でした。直接販売の売上総額は30億ドル（３３００億円）超なので、直接販売全体でみるとＣＳＡの市場規模はまだまだ小さいです。でも、農務省がＣＳＡを調査項目に取り入れていることからも、ＣＳＡを今後の成長分野として注目していることが分かります。

小規模生産者のＴＰＰ対策

日本では２０１３年以降、環太平洋連携協定（ＴＰＰ）への加入の是非が大きくニュースで取り上げられました。ＴＰＰは、自分の国の産業を守るために設定していた関税をゼロにして、自由貿易を進めてお互いに経済発展しようという国際的な約束ごとです。交渉相手はアメリカ、オーストラリア、ニュージーランドなど太平洋に面した農業大国でした。日本では、コメや肉類、乳製品などの輸入品に関税を掛けることで国内の生産基盤を守ってきました。しかしこれらの国産食材は、ＴＰＰの関税撤廃や税率の引き下げによって値段の安くなる輸入品との競争にさらされることになります。

私はＴＰＰの多国間交渉が頻繁に開かれた頃、東京で国会や農林水産省を取材しました。政府は多国間交渉と並行して、「攻めの農林水産業」と銘打って１次産業の強化策を進めました。農地の大規模化や作業効率化がはるかに進んだアメリカやオーストラリアからの輸入攻勢に対抗するため、日本も同様に農地集約や効率化を進めて国際競争力を高めるべきだというのです。取材をしていて、規模や効率の対策だけでは足りないのではないかと感じました。日本で大多数を占める小規模生産者が取り組める対策に思えなかったからです。

「２０１５年農林業センサス」によると、日本の生産者１戸当たりの平均農地面積は、わずか２・５ヘクタールです。アメリカでは、農地面積40ヘクタール（１００エーカー）の農場も、大規模生産者がしのぎを削る価格競争の土俵に上がりません。ならば、大規模生産者と一線を画して持続的な経営を実現させているアメリカの「小さな農業」の情報も、日本の生産者には「守りの農業」の強化策の一つとして有益ではないでしょうか。規模拡大や効率化とは別の選択肢として、日本の小規模生産者の知りたい生き残りの知恵が詰まっているはずです。

アメリカには、流通から販売まで一手に請け負ってくれる日本のＪＡ（農協）のような存在がありません。生産者は自力で販路を見つけなければなりません。日本よりも厳しい環境下で、小規模生産者が経営を持続させるために実践している手法は何か。それがＣＳＡです。規模拡大や作業の効率化はもちろん大切です。でも、日本が国際競争に左右されない足腰の強い国内生産基盤を築く選択肢の一つとして、アメリカの小規模生産者にも注目すべきではないでしょうか。

TPPは2018年末に11カ国で発効しました。これまで守られていたコメや肉類なども関税撤廃の方向に進みます。国内生産基盤の強化は待ったなしの状況です。なおアメリカは、2017年のトランプ政権の誕生とともにTPPの枠組みから脱退しました。

手取りの少なさは日米共通

アメリカの価格競争の激しさを「見える化」したウェブサイトがあります。家族経営農場主らでつくる「全国農民組合」は、食べ物を販売した金額と、その中で生産者が得る収入を左ページのように一覧にして紹介しています。

例えば2017年5月現在、トマト1ポンド（約450グラム）の小売価格は3・49ドル（約384円）で、そのうち生産者が得る収入はわずか0・3ドル（33円）です。小売価格の10分の1にもなりません。ニンジン5ポンド（約2・3キロ）は小売り3・99ドル（約439円）のうち、生産者の収入は1・4ドル（154円）。ベーコン1ポンドの小売りは4・99ドル（約549円）で、生産者は0・72ドル（約79円）の収入です。

アメリカ人の主食となるパンは、さらに利幅が減ります。2ポンド（約900グラム）の小売価格2・99ドル（約329円）のうち、小麦生産者が得られるのはたった0・1ドル（11円）です。

1食分（食パン2枚）に換算すると、わずか0・013ドル（約1・5円）です。

日本にもコメの価格の安さを「見える化」した事例があります。宮城県大崎市の「鳴子の米プロジェクト」は、地元の中山間地の小規模生産者が2006年に始めた日本初のコメのCSAです。このプロジェクトの仕掛け人で民俗研究家の結城登美雄さんはCSAを立ち上げる時、コメの価格の安さを茶わん1杯分のご飯を用いて消費者に問い掛けました。

当時、茶わん1杯分のコメの小売価格がだいたい20円で、そのう

生産者の手取り額の少なさを示す「全国農民組合」の一覧表

ちの生産者の手取り額は11円程度でした。プロジェクトでは茶わん1杯から生産者が得る手取り額を18円に引き上げ、若者の就農支援費6円を捻出するために、茶わん1杯分のコメを24円で販売しようと考えました。プロジェクトのコメは小売価格よりも茶わん1杯当たり4円高くなります。でも、CSAの直接販売で流通コストを減らせるので生産者の手取りは7円手厚くなります。就農支援のための経費も捻出できます。

結城さんは、茶わん1杯分の24円を別の食べ物に置き換えて、コメの価値を「見える化」しました。笹《ささ》かまぼこは6分の1切れ、イチゴは1粒、チョコレート菓子は4本でした。結城さんは、これらの食べ物とご飯を盛った茶わんを並べ、コメ生産者の労働の対価がいかに安く、ほんのわずかの価格引き上げで持続的な経営を実現できることを説きました。コメの価格の低さを「見える化」した説明は消費者の心を捉え、「鳴子の米プロジェクト」のコメのCSAは900人もの会員を持つ規模に成長しました。

茶わん1杯のご飯の価格を「見える化」した「鳴子の米プロジェクト」の展示

昭和世代の方は、茶わんに米粒一つ残さず食べるよう親や祖父母、学校の先生から言い聞かされませんでしたでしょうか? 「きれいに残さず食べることが、食べ物を一生懸命作ってくれる農家への最大の感謝になる」。昭和40年代生まれの私はそう教わり、茶わんにコメ1粒でも残すと親にしかられました。

昭和仕込みの食育は、私が大学生の時に思わぬ形で役立ちました。大学があった東京・神田界隈《かいわい》に、「いもや」という天丼屋さんがありました。座席がコの字型に配置され、天ぷらが丼からはみ出るボリュームでした。この店は、ご飯を1粒残さず食べると代金が50円引きになりました。私は大学の成績はいまひとつでしたが、天丼屋さんではいつも優等生で50円安く食べられました。

でも、考えてみてください。生産者の手取りは茶わん1杯が11円、アメリカならパン1食分が0・013ドル（約1・5円）です。農家の皆さんに感謝して残さずきれいに食べても、農家が実際に手にする金額はすずめの涙です。これだけ手取りが少なくては、感謝する私たち消費者も不本意ではないでしょうか。

会話を楽しみながら野菜を選ぶＣＳＡ会員たち

生産者が受け取ることのできない残り大部分の利益は誰が手にしているのでしょう。農作物を売るまでには、お店で商品を販売する小売業者や、農作物を加工する食品業者、運搬する流通業者、宣伝したり小売業者に売り込んだりする広告業者など多くの人間が関わります。このような業者が先に利益を確保するので、生産者が手にする金額は少なくなります。そこでアメリカの小規模生産者は、野菜を販売するまでに流れ出る経費を減らすために消費者と直接取引するCSAを運営するのです。

生産者だけではありません。CSAは消費者にもたくさんのメリットがあります。小売店や流通にかかる余分なコストがなくなるので、食材の価格はスーパーよりも安くなります。輸送に掛かる時間が短縮されるので食材の鮮度は抜群です。生産者が完熟して食べ頃になるまで収穫を待つことができるので、日持ちを優先させる小売り販売の野菜とは甘みやうま味も格段に違います。輸送による二酸化炭素の排出量が減り、温暖化対策にも貢献できます。

CSA農場は、消費者が集う地域コミュニティーとしての役割も担います。決まった会員が決まった曜日に農場などに野菜を受け取りに訪れます。農家や他の会員と顔を合わせる機会が増えるので、自然と会話が増えて互いに親しくなります。農場での収穫体験やパーティーを企画するCSAもあります。ニューヨーク州のイサカにある「スティック・アンド・ストーン農場」は、複数農場でCSAを共同運営しています。農場主の張逸樵（チャン・イーチャオ）さんは、「CSAは野菜の受け渡し以上の価値を消費者に提供しています」と地域コミュニティーへの貢献に胸を張ります。

おしゃれな「バイ・ローカル」

アメリカ農場の大規模化は、政府の農業政策によって導かれました。1970年代、「拡大せよ、さもなくば去れ（Get Big or Get Out）」という過激な農業政策キャンペーンを張り、規模拡大の促進と小規模農場の退場を促しました。

アメリカでＣＳＡが始まったのは１９８６年で、東部のマサチューセッツ州の「インディアンライン農場」とニューハンプシャー州の「テンプルウィルトン・コミュニティー農場」といわれます。どちらの農場もヨーロッパからＣＳＡのアイデアを持ち込みました。ＣＳＡの直接取引の手法は、農業規模の拡大や効率化、低価格競争への対抗策として小規模生産者や地域の人たちの注目を集め、草の根的にアメリカ全域に広がりました。

ＣＳＡ発祥の地で受け継がれる「インディアンライン農場」の看板

オバマ政権は、直接販売に取り組む小規模農場支援を重視し始めます。小規模生産者が地域のコミュニティーや経済活動に果たす役割が大きく、小規模農場の減少が地域の衰退につながっていたことに気付いたからです。オバマ政権が２００９年に「バイ・ローカル（Buy Local)」キャンペーン「生産者を知ろう、食べ物を知ろう（Know Your Farmer, Know Your Food)」を始めて以降、農務省は地域食材を積極的に活用するよう消費者に呼び掛けています。

「バイ・ローカル」は「地産地消」という意味です。地産地消というと日本ではちょっと硬いイメージがありますが、アメリカでは都会の消費者を中心に、おしゃれでスマートなトレンドになっています。飲食店や小売店は地域の食材を積極的に扱い、農家・漁師と消費者をつなぎます。地域の食と経済を支える農家をリスペクトするとともに、農場で収穫したばかりの食べ頃の完熟野菜を求める消費者ニーズの高まりによってバイ・ローカルが各地に広がっています。

ニューヨーク州のイサカにあるコーネル大学の「小規模農場プログラム」管理者、アニュ・ランガラジャンさんは、CSAが普及した背景には近年のバイ・ローカルブームがあると指摘します。1999年、ランガラジャンさんはニューヨークで地産地消に関する生産者のワークショップに参加しました。その時は、バイ・ローカルが単なる理想とみられたようで、生産者から「誰がやるんだ」と疑問の声が上がったそうです。「2000年前後は見向きもされなかった地域食材でしたが、今はレストランがメニューに産地名や農場名を載せて、こぞってPRしています」と、消費者の地域食材に対する意識の変化によって、生産者にも変化をもたらしたと解説します。

CSAと呼ぶ条件は2点

CSAがさかんな地域は、ニューヨークなど都市部が中心です。農務省が2017年に発行したCSAに関する調査報告「コミュニティー支援型農業~マーケティング転換のニューモデル」によると、人口100万人以上の都市から50マイル（80キロ）以内にあるCSA生産者の割合は24.2%で、25万人以上100万人未満の都市から50マイル以内は33.3%でした。つまり、6割近いCS

Ａ生産者が都市住民をターゲットにＣＳＡを運営しています。

市街地から50マイル以上離れた地域でも、都市住民向けにＣＳＡを運営する生産者は多いです。ニューヨークに住むＣＳＡ会員への野菜の一大供給地のハドソンバレーはハドソン川沿いに南北に続きます。マンハッタンから２００キロ離れたハドソンバレーの農場から野菜を毎週運ぶ生産者もいます。西海岸には、農場から５００キロ以上離れたロサンゼルスまでＣＳＡの野菜を配送する生産者もいるそうです。

ＣＳＡが浸透する一方で、新鮮で安心、農家や地域を支えるといったＣＳＡのイメージを商売に悪用する人たちも現れます。カリフォルニア州では、生産者から安く買い取った野菜を「自分たちで育てた」と偽り、ＣＳＡと称して消費者に提供する卸販売や小売業者が出始めました。カリフォルニア州政府は対策に乗り出し、２０１３年に州の法律で「ＣＳＡ」という言葉は、直接販売する生産者と生産団体が州に登録申請した場合にのみ使用できると規定しました。アメリカでは偽装問題が起こるほど、ＣＳＡが社会に浸透しているのです。

ＣＳＡの「食のシーズン券」の仕組みは他の食材にも活用されています。例えば、漁業者や漁協は「コミュニティー・サポーティド・フィッシャリー（Community Supported Fishery, CSF）」と名付けて、魚介類を消費者に直接販売します。畜産物や乳製品、パン、ワイン、ビールにメープルシロップなどでも、作り手がＣＳＡの仕組みを応用して消費者と直接取引します。

著述家で農場主のエリザベス・ヘンダーソンさんはＣＳＡの普及活動に30年近く奔走してきた草

分けで、CSAを運営する生産者なら誰もが知っている有名人です。ヘンダーソンさんはCSAの手法がさまざまな食材に波及したことを「自然の流れ」とみています。アメリカにCSAが誕生した1986年以降しばらく、CSAの主要ポイントは農家の経営を支える仕組みに置かれました。しかし、時代の経過とともに主要ポイントは、消費者の得るメリットに移っていきました。CSAには、これといった定義はありません。ヘンダーソンさんは、時代とともにしなやかに変化してきた「多様性こそCSAの特徴」と説明します。では、CSAと呼べる最低条件は何でしょう。ヘンダーソンさんが示したのはとてもシンプルな2点でした。

①持続的な(農場)経営を支える仕組みになっている
②新鮮で高品質の食べ物を会員が直接生産者から手に入れられる

この二つの条件に当てはまればCSAであり、食材の種類、受け渡しの頻度や量、料金の支払い方法などを自分たちのスタイルに合わせて自由に決めてよいと説明します。

あなたはこの2項目を見て、「日本にも似たような仕組みがある」と感じませんでしたか? そうなんです。CSAは取り立てて難しい仕組みではないのです。生協や農産物直売所の箱詰め野菜セットの定期配送はCSAと同じ取り組みです。ヘンダーソンさんは「CSAは昔の商習慣を今風にアレンジした仕組み」と説明します。CSAは、かつてどこの国・地域にも存在した取引手法に根差しているのです。

日本では１９７０年ごろ、農薬の過剰使用や公害を背景に都市部を中心に農家と消費者が密接に連携して直接取引する「産消提携」という消費者運動が広まりました。アメリカのＣＳＡ生産者の中には産消提携にＣＳＡのルーツがあると話す人もいます。専門家の間では、英語でも「テイケイ」という言葉がそのまま使われます。

日本初のＣＳＡは、アメリカ出身のエップ・レイモンドさんが１９９６年、北海道長沼町の「メノビレッジ長沼」で始めたといわれます。レイモンドさんは、アメリカとカナダでのＣＳＡ経験を日本に輸入しました。ＣＳＡは日本ではまだなじみの薄い略語ではありますが、先ほど紹介した「鳴子の米プロジェクト」をはじめ、ＣＳＡと銘打った取り組みは全国各地にあります。

生産地から遠く離れたコミュニティーも

少し細かい話ですが、ＣＳＡは日本語で「地域支援型農業」と訳されます。「コミュニティー（Community）」には、「地域」という意味と、「（利害や思想などを共有する）社会」という意味があります。私はアメリカで取材をして、ＣＳＡの日本語訳は「地域支援型農業」よりも「コミュニティー支援型農業」のほうがふさわしいと考えるようになりました。なぜならＣＳＡは、持続的な食料生産を目指す生産者と、その考えを共有する消費者がつくる「社会」の意味合いが強いからです。

ＣＳＡ会員は地域に縛られる必要はありません。もちろん生産者と消費者の距離は近いほうが輸送にかかる環境負荷（フードマイレージ）が少なくて済みます。でも、距離の問題よりも優先順位が高いのは、消費者が信頼する生産者から安定的に食材を調達できることや、生産者が持続的な経営基盤を得ることです。ニューヨークなど大都市へ、２００キロも３００キロも離れた地域からＣＳＡ生産者が野菜を定期的に運んでいます。企業の社員や学生・大学職員が、居住地ではなく会社や大学を受け渡し拠点にしてコミュニティーをつくるＣＳＡもあります。

日本にも、東京在住の阪神タイガースファンのつくるコミュニティーがあります。東北のコメ生産者や九州の野菜生産者が、東京や大阪にＣＳＡ会員のコミュニティーをつくってもよいのです。逆に会員を農場周辺の地域に限定すると、農村地帯の過疎地域ほど市場規模が小さいので生産者はＣＳＡを持続させるための会員数を確保できずに行き詰まってしまいます。ＣＳＡは生産地の近隣地域限定との誤解を生まないためにも、日本語訳は「地域支援型農業」よりも「コミュニティー支援型農業」の方がふさわしいと考えます。

東日本大震災後、都市と地方がつながる

日本にはＣＳＡが必要です。２０１１年3月11日、私は仙台市の河北新報社5階の報道部で大きな横揺れに襲われました。確かに大きな揺れではありましたが、まさかあれほどの大津波が東北沿

岸に押し寄せるとは夢にも思いませんでした。東日本大震災直後から取材班に入り、岩手、宮城、福島の被災3県を回りました。津波で家を流された人たちに、高台で被害を免れた人たちが食料や毛布を分けて空腹と寒さをしのぎました。都会からは次々とボランティアが駆け付け、途方に暮れるような量のがれきの撤去や家屋からの泥のかき出しに力を貸してくれました。「全国社会福祉協議会」によると、発生から1年間で被災地を訪れたボランティアの人数は延べ約１００万人に上りました。地域ごとに被害の規模に違いはありましたが、どの被災地も人と人のつながりが被災者を支えていた点で共通していました。

その一方、モノとカネのつながりのもろさも思い知りました。都会の小売業者やバイヤーは、仕入れ先を被災した農漁業者から他地域に切り替え、農漁業が再開された後も被災地に戻りませんでした。「一度離れた買い手を取り戻すのは至難の業」。農協や漁協の方々が悔しそうに唇をかむ姿が忘れられません。

福島県では震災から7年が過ぎても、東京電力福島第1原発事故に伴う風評被害に農漁業者が苦しんでいます。会津地方のコメ販売業者は、「原発事故で『安全』と『安心』の違いを痛感した」と語ります。放射性物質の数値化された「安全」証明よりも、顔の見える付き合いで時間を掛けて築いた信頼関係による「安心」のほうが、販路を取り戻す時、はるかに役に立ったそうです。

大震災がもたらした恩恵ともいえる人と人とのつながりを生かす手だては何か。農漁業者の経営を持続的に下支えする仕組みは何か。頭に浮かんだのはＣＳＡでした。震災を機に生まれた都市と地方のつながりは、被災地の財産です。これをみすみす朽ちさせるのは、被災地の損失です。先ほど日本の農漁業者の人口がいかに少ないか、データを紹介しました。問題は、震災によって課題が浮き彫りとなった東北の被災地に限ったことではありません。農家も漁師も日本各地で減り続けています。

イサカはアメリカのCSA先進地

私は2016年9月、日米教育委員会のフルブライト・ジャーナリストとしてアメリカでCSAの取材を始めました。期間は10カ月。CSAに特化してアメリカで長期取材した日本人ジャーナリストは、恐らくこれまでいなかったと思います。取材拠点はアメリカ屈指のCSA普及地域のニューヨーク州のイサカに定めました。現地には妻と5歳の長女の3人で滞在しました。家族と生活したことで、野菜料理のレシピ、ファーマーズマーケットやスーパーの棚に色とりどりに並べられた野菜のレイアウトなど、私ひとりでは気付かなかったアメリカの食の魅力を知ることができました。

イサカはニューヨーク・マンハッタンの北西約350キロの距離にある都市圏人口約10万人の町です。日本地図の距離で例えると、ニューヨークを東京とすると、イサカは能登半島の輪島市の辺りになります。緯度は北緯42度で北海道の室蘭市とほぼ同じです。夏は蒸し暑く、冬は寒さの厳しい、亜寒帯湿潤気候です。

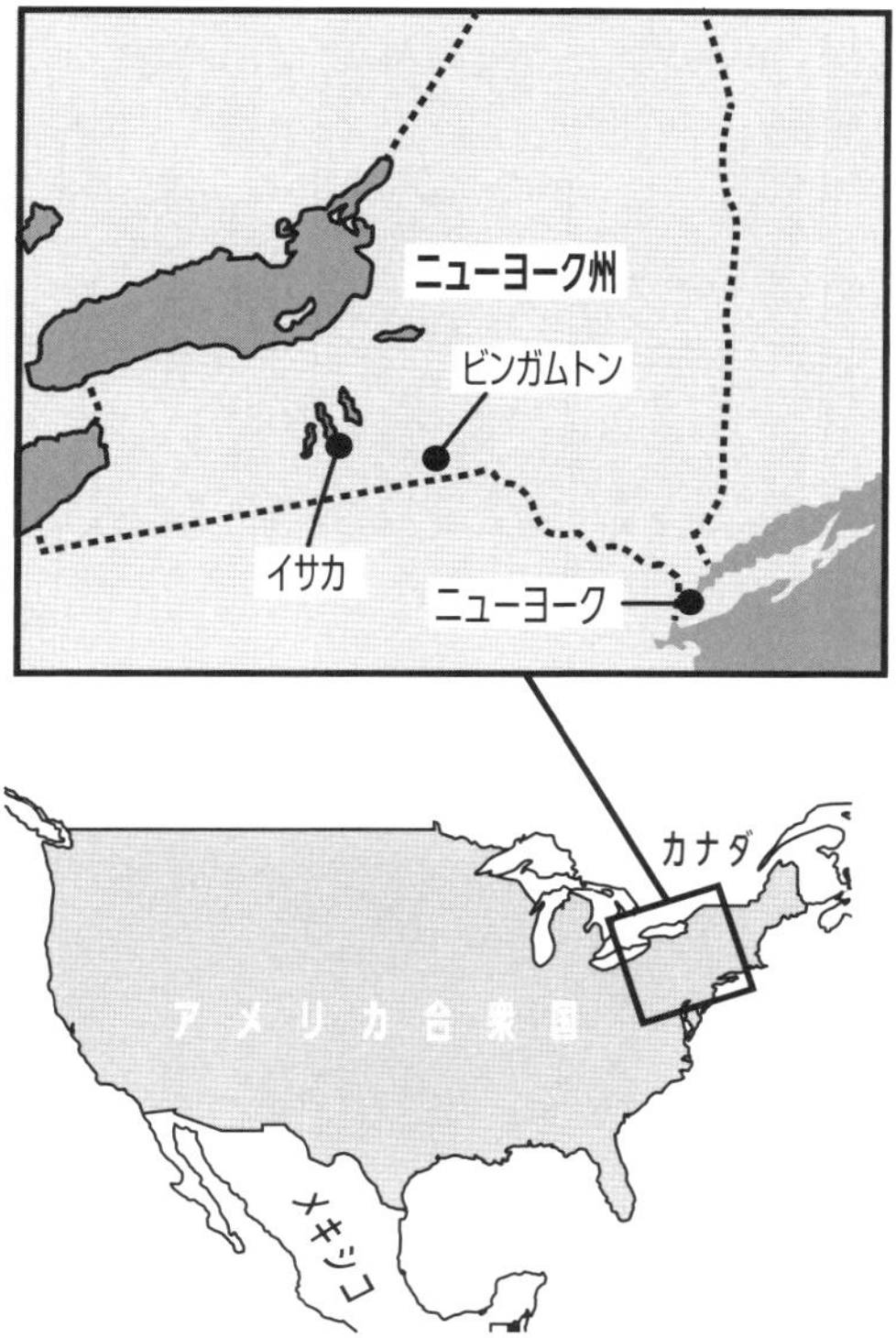

イサカは、コーネル大学がある学術都市としてアメリカでは知られます。コーネル大学はアメリカ北東部の有名私立８大学でつくるアイビー・リーグに属しています。とはいえ、イサカという地名をこの本で初めて知った方も少なくないと思います。イサカの話題をあえて挙げると、「ネバーエンディングストーリー」を書いたドイツの児童文学作家ミヒャエル・エンデのＮＨＫドキュメンタリーで紹介されています。この番組を基に２０００年に出版された『エンデの遺言～根源からお金を問うこと』（ＮＨＫ出版）では、労働の対価として払われる地域通貨「イサカアワー」が流通する町として出てきます。実は『エンデの遺言』の中にも、ＣＳＡに挑戦する若い生産者が登場します。文中にＣＳＡという言葉はありませんが、「人々は気に入った農場を選んでお金を投資」するサポートシステムとして紹介されています。

人口約10万人のイサカですが、ＣＳＡに関してはアメリカ屈指の普及地域です。アメリカ

最盛期には１日に 7000 人が訪れる「イサカファーマーズマーケット」

各州にはイクステンションと呼ばれる地域密着型の大学関連機関があります。ニューヨーク州のイクステンションは、コーネル大学の関連組織でイサカに地域事務所があります。そのイクステンションの調査によると、イサカのＣＳＡの世帯普及率は12％、つまり8世帯に1世帯が加入している計算になります。ＣＳＡ専門の会計ソフトを販売する「スモールファーム・セントラル」によると、アメリカのＣＳＡ世帯普及率は０・４％です。イサカは平均の30倍もＣＳＡが普及しているのです。

ニューヨーク・マンハッタンでＣＳＡのマネジャーをしている女性に、イサカの世帯普及率を話したことがあります。この女性は、アメリカ映画で見たように「アンビリーバボー」と叫び、両手で頭を抱えて驚きを表していました。12％の世帯普及率は、それほどインパクトのある数値なのです。

イサカには45のＣＳＡがあり、地元産食材の年間売上額は２０００万ドル（22億円）にもなります。ＣＳＡやファーマーズマーケットが最盛期となる夏場には、スーパーの売り上げが落ち込むそうです。消費者が野菜を地域の生産者から直接購入して、地域経済に影響を及ぼすのです。直接販売の文化が住民に根付いているイサカは、アメリカのＣＳＡを取材するには最適な先進地です。

第2章　CSAで産消ウィンウィン

CSAは「食のシーズン券」と言われても、いまいちピンと来ないかもしれません。いつ、どこで、どのようにして会員は野菜を受け取るのか、スーパーで買う野菜と何が違うのか、会費の支払い手続きはどうなっているのか。第2章では、ニューヨーク州イサカの「フルプレート農場集団」のCSAを中心に、「食のシーズン券」の仕組みを詳しく紹介します。

野菜の種類は50種以上

「フルプレート農場集団」は7農場でCSAを運営する団体で、会員数は約500人になります。イサカでは2番目の会員規模のCSAです。「スティック・アンド・ストーン農場」と「リメンバランス農場」を中心に、CSA運営にさまざまな手法やアイデアを取り入れています。CSAは1農場による運営が一般的で、複数農場による共同運営は珍しい存在です。

「スティック・アンド・ストーン農場」を経営するのは、張逸樵（チャン・イーチャオ）さんと妻のルーシーさんです。張さんのトレードマークは、ずれ落ち気味な、汚れで曇った眼鏡です。見た目通りの穏やかな性格で、農場を訪ねるといつも気さくに応じてくれました。中国出身の両親はともに大学の教授でした。張さんは大学生の頃に農場でアルバイトを始め、自分で物事を決断できる農場主の仕事に魅力を感じるようになったそうです。大学卒業後の1996年に就農。最初は農地を借りて野菜を栽培していましたが、2003年に農地を購入して、少しずつ面積を増やしていきました。

「フルプレート農場集団」の張さん（前列左端）とトンプソンさん（後列右から2人目）の家族ら

非農家出身の張さんが農業を志したのは、「自分が試した結果がすぐに出るから」という理由でした。農業は季節サイクルで動くので、農作物を育てても結果が出るのは年１、２回です。張さんの説明に少し違和感を覚えましたが、話を聞いて納得しました。大学で調査に何年もかける両親を見て、張さんは研究者よりも農家のほうがよっぽど早く結果を出せると考えたそうです。この感覚が張さんの農業に対するおおらかなスタンスに通じています。少々のトラブルに動じることはなく、課題と向き合い克服する過程も楽しみます。

「フルプレート農場集団」では、会員に毎週7～10種の野菜を提供します。6月から11月まで23週続くＣＳＡ期間中に50種以上の野菜を作ります。キュウリ、トマト、ナス、ニンジンなどポピュラーな野菜もあれは、ハクサイ、ダイコンなどアジアから渡ってきた野菜もあります。葉っぱのごわごわしたケール、茎が鮮やかな赤と黄のスイスチャード、ミントのような爽やかな香りが特徴のフェンネルなど、日本でなじみの薄い野菜もメニューに並びます。日本のスーパーでお目にかかれない野菜には私の妻も興味津々で、ＣＳＡの会場やファーマーズマーケットで珍しい野菜を見つけるたびに農家にレシピを教えてもらいました。

イサカでＣＳＡを運営する生産者に、何種類ぐらいの野菜を育てているのか聞いてみました。「トマトだけで15種類育てている」という農家や、「全部で１００種以上」と説明する農家がいました。会員も同じ野菜を毎週続けて受け取るよりも、いろいろな種類の野菜を食べられる方が飽きが来ないし、季節の移り変わりを野菜から感じることができます。

わが家の１番人気は、ウオーターメロンラディッシュでした。日本では紅芯《こうしん》ダイコンと呼ばれていますが、恥ずかしながらアメリカで初めて知りました。見た目はカブのようですが、二つに割ると中はスイカのように鮮やかな赤色で、この特徴からウオーターメロンラディッシュと名付けられたそうです。イサカでは、秋から春先にかけてファーマーズマーケットやスーパーに並びます。

日本では生で薄切りにしてサラダにして食べるのがポピュラーですが、アメリカで教わった食べ方はオーブンでのローストでした。一口大に乱切りしてオーブンで20分程度焼くと、果物のように甘くてジューシーになり、衝撃を受けました。ウオーターメロンラディッシュという名前は、スイカに引けを取らない甘みとみずみずしさに由来すると思ったほどです。ローストした後は、シンプルに塩を振って食べてもおいしいですし、バジルソースを付けて食べてもいけました。娘もウオーターメロンラディッシュが大好きで、いつも家族で取り合いになる人気の野菜でした。

スーパーよりも3割お買い得

「フルプレート農場集団」が、CSA会員に提供する箱詰め野菜セットの中身を詳しく見てみましょう。２０１７年６月の２週目の提供野菜は10種でした。内訳は、レタス１玉、イチゴ１パック、ルッコラがボウル１杯、ハツカダイコン、スイスチャード、ケール、小ネギがそれぞれ１束ずつ、ニンジン５本、ビーツ５個、カブ５個です。野菜は４人家族の１週間分の量を目安にしています。

野菜セットが届いた日のわが家の食卓には、色とりどりの野菜のごちそうが並びました。ケールは生のままミニトマトとブロッコリーをのせてサラダに、スイスチャードは塩とこしょうで味付けしてソテーに、ハッカダイコンとニンジンは生のままバーニャカウダソースを添えて、ビーツとカブはオーブンでローストしてバジルソースを付けていただきました。

ＣＳＡで受け取った10種の野菜がスーパーなど小売店よりもどれぐらいお買い得なのか気になったので、「見える化」に挑戦しました。「フルプレート農場集団」の箱詰め野菜セット１回分の価格は約25ドル（２７５０円）です。イサカのスーパーで25ドルで同じ野菜をどれぐらい買えるのか実

上がＣＳＡの野菜セットで、下がＣＳＡ相当額で購入できたスーパーの野菜

ＣＳＡで受け取った野菜の料理が並んだ食卓

験しました。
「フルプレート農場集団」の野菜は化学的な殺虫剤、除草剤、肥料を使わないオーガニックなので、スーパーでもオーガニックを選びました。その結果、25ドルで買えたのは、レタス、イチゴ、ハツカダイコン、スイスチャード、ケール、ビーツの6種。ルッコラ、小ネギ、ニンジン、カブが買えず、10種全部をそろえるにはあと12ドル（１３２０円）必要でした。この週の「フルプレート農場集団」のCSAでは、スーパーよりも３割安で野菜を買えた計算になります。仮に、これが夏から秋の1シーズン（23週）続くと、会員は２７６ドル（３万３６０円）もスーパーで買うよりも安く野菜を入手できることになります。

CSAがスーパーよりもお得なことは、会員もよく理解しています。野菜の受け渡し会場で話を聞くと、「生産者に直接お金が行く」「地域経済に貢献できる」という理由に、「スーパーよりも経済的」との意見が加わります。CSAを選ぶイサカの人たちの賢い消費動向をみると、夏にスーパーの売り上げが落ち込むのも納得できます。

CSAだからできる完熟野菜

CSA会員は、完熟のちょうど食べ頃の野菜を新鮮なうちに手に入れることができます。野菜の旬は季節によって決まりますが、野菜一つ一つのおいしさは完熟度を見極める農家の目利きが重要になります。「フルプレート農場集団」では、野菜は基本的にＣＳＡの受け渡し日の朝に収穫します。当日中に野菜を会員に渡せるので、農家は野菜が完熟して食べ頃になるまで摘み取りをじっくり待つことができます。

例えばトマトなら、真っ赤に実が熟して甘みとうま味を十分に蓄えてから収穫できます。スーパーに並ぶ野菜は、できるだけ長い期間、陳列棚に置けるよう緑色で実の硬い時期に収穫するのが一般的です。農場から棚に並ぶまでの輸送時間もあります。当然、収穫時の熟度が低いので、陳列棚で赤い色をしていても、うま味、甘みともに完熟野菜に劣ります。新鮮な完熟野菜を楽しめるのは、消費者と農家の距離が近く、流通経路がシンプルなＣＳＡの利点です。

日本で野菜の完熟度をセールスポイントにした農産物直売所が、宮城県大崎市岩出山の「あ・ら・伊達《だて》な道の駅」にあります。オープンは２００１年で、おそらく完熟野菜を売りにした先駆け的な直売所だと思います。店のキャッチフレーズは「旬菜旬味」。地元の生産者がちょうど食べ頃まで熟した野菜を、摘みたての新鮮なうちに店頭に並べます。

２００５年、当時はまだ農業分野で珍しかったＩＴ技術を完熟野菜の提供のために導入しました。携帯電話のメールを使い、直売所で売れた品数を生産者に1時間ごとに配信して、常に完熟野菜が棚に並ぶようにしました。完熟野菜は糖度が高い分、傷みやすく長持ちしません。消費者との距離が近いからこそ、小まめに摘みたての完熟野菜を直売所に補充して消費者においしさを伝えることができるのです。

「あ・ら・伊達な道の駅」は年間３００万人が訪れる地域の一大観光スポットで、直売所はその看板施設です。道の駅の誘客をけん引する直売所の人気ぶりは、完熟野菜を提供するＣＳＡの潜在力を示していると思います。

買い物感覚のマーケットスタイルＣＳＡ

話をアメリカに戻します。ＣＳＡ会員は、野菜をどうやって受け取るのでしょう。方法は大きく分けて二つあります。一つは「マーケットスタイル」といい、農場の作業小屋や教会、公園など広めの場所で、スーパーの棚のように並べられたケースから会員が自分で野菜を選びます。買い物に近い感覚なのがマーケットスタイルと呼ばれるゆえんです。もう一つは「ボックススタイル」といい、あらかじめ野菜の入った段ボール箱やプラスチック袋を会員が受け取ります。日本の生協、農産物直売所、食材宅配事業者などが提供する箱詰め野菜セットと同じスタイルなので、マーケットスタイルよりもイメージが湧きやすいと思います。

マーケットスタイルは会員、生産者ともにメリットが多く、アメリカのＣＳＡ関係者の注目を集めています。会員は自分好みの大きさや形の野菜を買い物感覚で選ぶことができます。例えばジャガイモなら、小さめが好きな人もいれば、大きめのどっしりしたサイズが好きな人もいます。マーケットスタイルは、自分好みのサイズを自分でケースの中から選ぶことができるので、会員の満足度が高いのです。

量が多い時に受け取る数を減らしたり、苦手な野菜を受け取らないこともできます。会員がＣＳＡをやめる大きな理由の一つは、受け取った野菜を持て余して腐らせてしまうことです。生産者が手塩に掛けて育てた野菜を駄目にすることに良心を痛めて、会員をやめてしまうそうです。ＣＳＡに関しては「大は小を兼ねない」のです。

提供する側と受け取る側の量の価値観のギャップは日本でも感じることがあると思います。温泉旅館でお膳に載らないほどの料理を提供されたり、知人から大量の野菜や果物をもらったりして、全部食べ切れず申し訳なく思った経験はないでしょうか。

以前、山形県の自治体と東京都港区の街づくり協議会が結んだ災害協定を取材しました。東日本大震災を教訓に都市と地方の顔の見える関係を生かし、東京で災害が発生した時の食料提供と、平時の年数回の野菜の提供をセットにして年会費を払う保険のような取り組みでした。せっかくなので、提供回数を増やしてＣＳＡに発展させてはどうかと街づくり協議会に提案しました。しかしメンバーは慎重で、「以前、一度にスイカが２個届いて困ったことがあったんです」と複雑な心境を打ち明けました。

恐らく、山形の生産者としては自慢のスイカをおなかいっぱい食べてほしいという善意から二つ送ったのでしょう。街づくり協議会の方々に喜んでもらいたい気持ちはよく分かります。でも昨今は核家族化や少子化、高齢化が進み、それぞれの家庭で必要とする食材の量が減っています。街づくり協議会の方々が、食べ切れないスイカをどうしていいか戸惑った心境も理解できます。相手を思いやる顔の見える関係に、量の価値観のギャップから距離ができてしまっては何とも惜しい話です。

アメリカで見たマーケットスタイルのＣＳＡは、とても賢い方法だと感じました。会員は食べ切れない野菜を無理に受け取らない選択ができるので、野菜を持て余して駄目にする心配が解消されます。生産者も煩わしい野菜の箱詰め、袋詰め作業をしなくて済むメリットがあります。収穫した野菜を水洗いして、ケースごと受け渡し会場に並べられるのでとても効率的です。

「フルプレート農場集団」では、マーケットスタイルをさらに発展させた取り放題の「フリーチョイス」でＣＳＡ会員に野菜を提供しています。会員は、４人家族が1週間で食べ切れる量を目安に取り放題で野菜を持ち帰れます。キュウリが大好きな家族であれば、家族で1週間で食べられる量のキュウリをどっさり持ち帰れます。普通に栽培する野菜よりも割高なオーガニック野菜が取り放題なのは、消費者には魅力です。ＣＳＡの箱詰め野菜セットでスーパーよりも3割お得なのに、取り放題になればさらにお得度は増します。もちろん苦手な野菜は無理に持ち帰らなくて大丈夫です。「フルプレート農場集団」の会員数がイサカで2番目の５００人を集める理由の一つは、お得感を増やして食材を駄目にする罪悪感を解消できる取り放題のマーケットスタイルのＣＳＡにあります。

苦手な野菜は交換箱へ

「フルプレート農場集団」の受け渡し会場は３カ所あり、曜日によって会場が変わります。イサカ中心街から北西に10キロ弱離れた張さんの「スティック・アンド・ストーン農場」は水曜に、イサカ中心街の南約６キロにある「スリースワローズ農場」は土曜に開きます。両農場とも作業小屋を会場に使います。もう１カ所はイサカ中心街にある歩道で木曜に開設します。平日は仕事帰りに立ち寄りやすい午後３時以降の夕方に、土曜は昼を挟む午前10時にオープンします。受け渡し時間は作業小屋が４時間、歩道が３時間限定です。

「スティック・アンド・ストーン農場」の作業小屋に開設した受け渡し会場

「スティック・アンド・ストーン農場」の受け渡し会場は、入り口に受付テーブルがあり、その奥に野菜ごとに分けられたケースが並びます。受付テーブルの後ろには掲示板があり、会員が受け取る野菜を記してあります。収量が少ない野菜は数量限定になり、掲示板に個数や束数のただし書きが付きます。それ以外は、家族４人が１週間で食べ切れる量を好きなだけ持ち帰れる取り放題です。

野菜受け取りの流れは、まず受付テーブルで会員名簿の自分の名前の欄に「受け取り」のサインをします。次に掲示板に従って野菜をマイバッグに入れていきます。常連の会員は大きめの手提げバッグと小さいプラスチック袋を数枚持参します。レタス類や根菜など野菜ごとにプラスチック袋に小分けして手提げバッグに詰めるのです。受付テーブルそばに会員用の予備のプラスチック袋置き場があり、会員が余っている袋を持ち寄りシェアします。

農作業小屋は、「スティック・アンド・ストーン農場」も「スリースワローズ農場」も10人前後の会員が来ても混雑しないぐらいの十分な広さです。屋根付きなので雨や夏の日差しで野菜が傷む心配はありません。イサカ中心街の会場となる歩道は道幅が5メートルほどあります。道路の中央に野菜のケースを並べて両側から会員が野菜を選んでも、往来の邪魔にはなりません。雨の時は大きなパラソルを差して雨が野菜に当たらないようにします。

受け渡し会場は住民交流の場

農場の受け渡し会場は、どちらも「フルプレート農場集団」の作業小屋なので使用料はかかりません。中心街の会場となる歩道は私道ですが、「通りのにぎわいにつながる」と、所有者の厚意で無料で使わせてもらっています。歩道にはコーヒーショップや雑貨屋、託児施設などが並び、野菜を受け取りに来た会員同士が、コーヒーを飲みながらおしゃべりを楽しみます。

イサカ中心街の歩道に開設した受け渡し会場

「フルプレート農場集団」では、会員に配る野菜が不足しないように、会場には量を多めにして野菜を持ち込みます。受け渡し時間後、根菜類など保存が利く野菜はケースごと持ち帰りますが、葉ものなど日持ちしない野菜はボランティア団体に寄付します。受け渡し終了時間になると、低所得者やホームレスに食事を提供するボランティア団体が会場を訪れ、葉もの野菜を持ち帰ります。

大都市は少し状況が変わります。マーケットスタイルの受け渡し会場は、７種以上の野菜のケースを並べられ、10人前後が同時に野菜を選べるスペースが必要になります。都会ではマーケットスタイルに十分な広さを確保できる会場探しが難しく、ニューヨーク中心街のＣＳＡは受け渡し会場に教会や公民館、公園などを利用して、農場から野菜を持ち込みます。いずれも使用料がかからなかったり、ほんのわずかの支払いで済んだりする場所です。受け渡し会場の使用料が高額になると、流通コストのかからないＣＳＡのメリットが減ってしまうからです。

取り放題ではないマーケットスタイルも野菜の受け取りの流れは同じです。受付テーブルでサインして、それぞれの野菜の名前と数量が記してある掲示板を見ながら、会員は野菜を選びます。サラダ野菜など個数や束数で量を示せないものはボウルの杯数になります。

マーケットスタイルの受け渡し会場では、「スワップボックス」という野菜の交換箱を目にすることがあります。会員が野菜を受け取り終えてから通る場所に置いてあり、苦手な野菜や要らない野菜を交換箱の中にある別の野菜と自由に取り替えることができます。例えば、カボチャが苦手な会員が交換箱にカボチャを入れて、箱の中にあったキャベツを持ち帰ります。箱の中には、野菜の受け渡し開始前に数種の野菜があらかじめ入っています。この交換箱には、会員が苦手な野菜を持ち帰り駄目にすることを避ける狙いがあります。

マーケットスタイルの受け渡し会場は、地域コミュニティーの場としての機能も併せ持ちます。会員が定期的に受け渡し場所に足を運ぶので、農家や農場スタッフ、他の会員と直接コミュニケーションを取る機会が増えます。「フルプレート農場集団」の会員の割合はマーケットスタイルが7割です。「スティック・アンド・ストーン農場」の張さんによると、「熱心な会員は圧倒的にマーケットスタイルに多い」そうです。残り3割はボックススタイル会員ですが、マーケットスタイルへの変更が年々増えているそうです。CSA会員が野菜の受け渡しだけではなく、人とつながる場を求めていることが背景にあるのではないかと思いました。

都市部はボックススタイルのCSA

CSAのもう一つの受け渡し方法のボックススタイルは、あらかじめ野菜を詰めた段ボール箱やプラスチック袋を、会員に提供します。受け渡しは、①会員が農場などに取りに行く、②複数の会員がピックアップできる飲食店や雑貨店などにまとめて届けてもらう、③自宅まで配送してもらう――などの方法があります。

「フルプレート農場集団」のボックススタイルは、仕事が忙しかったり、車を運転しなかったりして受け取り会場に行けない住民が利用するそうです。配送エリアは運送コストを基に制限しています。５人以上から利用できるグループ配送は、箱詰め作業をする「リメンバランス農場」の半径約20マイル（32キロ）以内の場所、戸別配送はイサカ中心街の半径約２キロ限定です。毎週木曜が配送日で、「フルプレート農場集団」の契約ドライバーがグループと戸別の箱詰め野菜セットすべてを１日で配達します。

生産者の指導などに携わる組織のイクステンションによると、車社会のイサカで、住民がＣＳＡ会員になる距離の目安は受け渡し会場の半径10マイル（16キロ）以内だそうです。農場が住宅地から10マイル以上離れている場合は、中心街に受け渡し会場を設けたり、アクセスの良いファーマーズマーケットの出店ブースを受け渡しに使ったりしています。アメリカのファーマーズマーケットは、各生産者が販売ブースを設けて鮮やかなレイアウトで野菜を店頭に並べます。日本のマルシェや朝市のようなスタイルです。イサカの中心街にほど近い「イサカファーマーズマーケット」では、出店する65農場のうち10戸がＣＳＡ会員への食材の受け渡しをブースでしており、同時に買い物客にも販売します。もちろんどの生産者も、ＣＳＡ会員が一般販売よりも割安になるような会費設定をしています。

ボックススタイルのCSAは、会員が野菜の入った箱や袋を受け取るだけなのでマーケットスタイルのCSAのような広いスペースが要らず、会場確保の難しい市街地では主流の受け渡しです。ニューヨークなどの都市部は住民の移動手段がマイカーではなく地下鉄やバスなので、野菜は箱詰めよりも持ち運びに便利な袋詰めが好まれます。ただ、野菜を詰める作業、箱や袋の費用が上乗せになるので、会費はマーケットスタイルよりも割高になります。

ボックススタイルも、会員に提供する野菜の量が多すぎにならないようCSA生産者は心掛けています。イサカにある「スイートランド農場」は、夏秋には取り放題のマーケットスタイル、冬場には箱詰め野菜セットのCSAを運営します。農場主のポール・マーティンさんは長年のCSA経営から、会員は食べ切れずに駄目にしてしまった野菜のことをずっと記憶していることが分かりました。サービスのつもりで量を増やしたら、逆に会員がCSAを離れることにもなりかねません。マーティンさんは箱詰め野菜セットの適量を、「会員が『ちょっと足りない』と感じて、スーパーで1、2品買い足すぐらい」と絶妙のさじ加減で表現します。

会費は週当たり25ドル

「フルプレート農場集団」の2017年のCSA会費は左ページの表の通りです。受け渡し期間は

６月から11月までの連続23週で、取り放題のマーケットスタイルが５５５ドル（６万１０５０円）、１週間当たり約24ドル（２６４０円）になります。ボックススタイルは配送費などがかかるため、会費は取り放題よりも割高です。５人以上の会員に届けるグループ配送は１週間当たり約25ドル（２７５０円）、自宅まで届ける戸別配送は約27ドル（２９７０円）です。

ＣＳＡの会計ソフトを販売する「スモールファーム・セントラル」が２０１５年に約３００戸のＣＳＡ運営者を調べたところ、１週間当たりの平均会費は約25ドル（２７５０円）、１農場当たりの平均会員数は４００人でした。

「フルプレート農場集団」ＣＳＡ会費（ドル）

コース	会　費	週当たり
取り放題	555	24
グループ配送	585	25
戸別配送	625	27
アメリカ平均	466	25

2017年夏秋シーズン。 アメリカ平均は2015年「スモールファーム ・ セントラル」調べ

日本円で考えると会費が割高に感じますが、これはアメリカと日本の間に物価の違いがあるからです。総務省の「世界の統計」などを基に日本とアメリカで平均賃金の違いをみると、日本の１人当たりの平均賃金はだいたいアメリカの６割でした。これを大まかな比較の目安とすると、「フルプレート農場集団」の取り放題の１週間当たりの値段は約24ドルなので、日本の物価に合うようにアメリカの約６割と考えると、１６００円程度で10種のオーガニック野菜を取り放題で受け取れる計算になります。こう考えると、私たちにもＣＳＡのお得感のインパクトがより強く感じられるのではないでしょうか。

会費の支払いはシーズン前の一括払いが主流です。なぜかというと、

ＣＳＡがアメリカで始まった当初の目的の一つは、生産者が春先に資材や種などを購入する資金調達に苦労せず、安心して野菜作りに従事してもらうことだったからです。近年は、会員が利用しやすいように会費を月払いや隔月払いなどに分割できるＣＳＡが増えています。それぞれの会員専用の口座から食材を買った分だけ、その都度代金を引き落とすＣＳＡもあります。

支払い方法も現金や小切手だけでなく、クレジットカード払いやインターネット決済ＯＫのＣＳＡが増えています。カード決済には４％程度の手数料がかかりますが、多くのＣＳＡ農場は会費にカード手数料を上乗せして会員に請求していました。ボックススタイルのＣＳＡが配送料を会費に上乗せするのと同様に、会員が利便性を求めてカード決済するのだから手数料を会員が負担するのは筋が通っています。

農場のウェブサイトは、私が取材したＣＳＡ農場は全て開設していて、入会手続きや会費のカード決済がウェブサイトからできるようになっていました。書類を書くのが面倒で入会をやめてしまう消費者もいます。生産者の間では、手軽に会員になれるオンライン手続きが顧客獲得の重要なツールと考えられていました。

ＣＳＡはシーズン契約や会費の事前払いが一般的なので、生産者は会員を最優先して野菜を提供する必要があります。会員に配らなかったトマトを、ＣＳＡ生産者がファーマーズマーケットで売っていたらどうでしょう。会員は農場で採れたベストの野菜が欲しくて事前に会費を支払って「シーズン券」を購入したのです。こんな現場を目撃した会員は当然腹を立てるでしょうし、翌年はこの農場のＣＳＡ会員にならないでしょう。

便利な隔週やミニサイズのコース

ＣＳＡの野菜の受け渡しは週1回が主流ですが、野菜をそれほど食べない会員や自宅であまり料理をしない会員もいます。そういう人たちのために、受け渡しが隔週のコースや野菜の量を減らしたミニサイズを提供するＣＳＡ農場もあります。野菜は大抵4人家族が1週間で食べる量を目安に6種から10種をセットにしますが、ミニサイズはそれぞれの野菜の量を少なくしたり、野菜を5、6種程度に厳選したりして会員に提供します。

ボックススタイルは野菜の量を加減できますが、マーケットスタイルの取り放題はそうはいきません。夫婦2人暮らしの場合、4人向けの取り放題コースの会費では割高になってしまいます。2人家族にも喜ばれる取り放題のＣＳＡの仕組みを探したところ、答えが「スイートランド農場」にありました。会員専用の野菜受け取りバッグを大小2種類用意して、4人向けと2人向けの取り放題コースを設けていました。どちらもバッグに入る分量だけ野菜を取り放題にするわけです。週当たりの会費は4人向けが25ドル（２７５０円）、2人向けが19ドル（２０９０円）です。このシステムなら、2人世帯でも気兼ねなく取り放題のＣＳＡを楽しめます。

長いＣＳＡの期間中には、旅行や出張で受け取りに行けない日が出てくるかもしれません。複数の受け渡し会場がある「フルプレート農場集団」では、別の曜日に別会場で受け取れる振り替えサービスをしています。普段は木曜にイサカの街中で野菜を受け取っている会員が、その日に用事が入ってしまった場合、前日の水曜に郊外の「スティック・アンド・ストーン農場」で受け取ることができます。受け渡しが週1回のCSAや、家を1週間以上空けたりする場合は、野菜の受け取りを友人や親類に譲ることもできます。

CSAの野菜の受け渡し期間は、農場がある地域の気候や扱う野菜の種類によって変わります。イサカは北海道室蘭市とほぼ同緯度の寒冷地で、11月から4月末まで雪が降り、気温がマイナス20度を下回る時もあります。イサカのCSAの期間は、春が終わる6月から晩秋の11月までの半年間です。6月は収穫できる野菜が少なく、生産者は品ぞろえに苦労しますが、7月、8月と季節が進めば種類はどんどん増え、会員が受け取る野菜の種類も豊富になります。

カナダでは、CSAの期間がイサカよりも1カ月ほど短くなります。1年を通じて温暖なカリフォルニアには通年のCSAがあります。また、イチゴやリンゴなど品種限定のCSAは、受け渡しが収穫期だけなので期間が1カ月などになります。11月から3月ごろまで、ハウス栽培の野菜と秋に収穫した根菜が受け取れる「ウインターCSA」という仕組みもありますが、これについては第4章で詳しく紹介します。

成長続くオーガニック市場

ＣＳＡが消費者を引きつける魅力の一つがオーガニックです。化学的な殺虫剤、除草剤、肥料を使わずに野菜を栽培し、土壌など環境への負荷が少ない。虫の駆除や草取りなど、手入れの負担が掛かるので大規模経営に向きません。運営に小回りが利く小規模生産者にとってオーガニック栽培は付加価値を付けるポイントになり、消費者との距離の近い直接販売にも適しています。

農務省の統計によると、２０１４年のオーガニック認証取得農場は１万２６３４戸で、２００８年からの６年間で約１７００戸増えました。農場の全体数は下降線をたどっており、２００７年から５年で約10万戸減りました。農場全体の減少傾向に逆行してオーガニック農場が増加している状況は、農地面積の小さい小規模生産者の増加とシンクロします。大規模農場との効率化の争いと一線を画して、オーガニックの付加価値を付けて持続経営を目指す小規模農場が増えていることが想像できます。

農場全体に占めるオーガニック認証取得農場の割合はわずか０・

オーガニック認証農場と売り上げの推移

	2008	2014	増加率
取得農場（戸）	10903	12634	15.9%
売り上げ（億ドル）	32	55	71.9%

農務省「2014 Organic Survey Highlights」より

アメリカの農場数の推移

	2007	2012	減少率
農場（戸）	2204792	2109303	▲4.3%

「2012 年農業センサス」より

6％でまだまだ少ないですが、今後着実に割合は上昇するでしょう。なぜなら、オーガニック食材の売り上げが急伸しているからです。２０１４年の年間売上額は55億ドル（６０５０億円）で、２００８年の32億ドル（３５２０億円）から６年で７割強も増えたのです。

オーガニック食材を専門に扱う高級スーパー「ホールフーズ」は、アメリカ、カナダなどに約４７０店舗を展開します。２０１７年、ネット通販大手の「アマゾン」に買収されたことでも話題になりました。日本の食品スーパーの店舗数トップはイオングループの「マックスバリュ」の約６５０店です。アメリカには日本トップの店舗数よりも約３割少ない規模でオーガニック専門の食品スーパーが存在するわけです。「ホールフーズ」の２０１６年の年間売上額は１５７億ドル（１兆７２７０億円）でした。

「ホールフーズ」の店内に並ぶのは生鮮食品だけではありません。総菜類も充実しており、１００種以上の食材をそろえたサラダバーや肉料理が並び、買い物客が自分たちでランチボックスに盛り付けていきます。総菜は量り売りで、食材はもちろんオーガニックが基本です。

私は国内外を問わず旅行に出ると、必ず旅先のスーパーや市場で総菜を買うことにしています。現地のスーパーには地元の人たちが普段食べている野菜や魚、肉などの食材や総菜が並び、その土地の食卓を垣間見ることができます。アメリカ滞在中はしばしば「ホールフーズ」のお世話になりました。ニューヨーク・マンハッタン、ニュージャージー州、ワシントンなどの店舗に行きましたが、どこも食材が豊富でサラダバーは買い物客でにぎわっていました。

　オーガニック食材は、高級スーパーに限らず普通のスーパーでも販売しています。ニューヨーク州発祥のスーパー「ウェグマンズ」はアメリカ北東部に約１００店舗あります。イサカのロードサイドにもあり、家族で「ウェグマンズ」と「イサカファーマーズマーケット」をはしごするのが週末の楽しみでした。

「ウェグマンズ」で扱っている商品のおよそ1割は第三者認証マークの付いたオーガニック商品です。オーガニックの野菜や果物、加工品をそろえた売り場が常設してあり、目立つように看板やポッ

バラエティー豊かな野菜を取りそろえた「ホールフーズ」のサラダバー

オーガニックのポップ広告が付いた「ウェグマンズ」の野菜コーナー

プ広告が飾り付けてあります。野菜が映えるレイアウトもおしゃれで、私の妻は感動して何枚も写真に収めていました。オーガニック野菜の価格は普通に栽培した野菜の、おおむね1・5倍程度でした。低価格路線のアメリカ大手スーパー「ウォルマート」でも、小さなスペースではあるもののオーガニック食材を扱っていました。アメリカのスーパーでは、もはやオーガニック食材が店の必須アイテムなのだと感じました。

オーガニック食材のマーケットには、ネット事業者も積極参入しています。「アマゾン」はネット注文を受けたオーガニック食材を、買収した「ホールフーズ」の実店舗を拠点に宅配するサービスを始めています。オーガニック食材の売り上げの成長ぶりからも、市場規模は今後も着実に拡大するでしょう。

日本にもオーガニックの流れ

日本のオーガニック市場も大きく変化しています。以前はオーガニック食材販売の主流は生協や専門事業者の宅配でしたが、近年、スーパーや農産物直売所などでの販売が増えています。「イオン」は2017年、オーガニック農産物の販売構成比を2020年までに5%に増やす数値目標を発表しました。この前年の2016年には、フランスのオーガニック専門スーパー「ビオセボン」と合弁会社を設立。東京、神奈川に「ビオセボン」の出店を加速させており、2018年末までに8店をオープンさせました。「イオン」以外のスーパーや各地の農産物直売所でも、オーガニック専門のコーナーを設ける店舗が増えています。

日本のオーガニック市場の消費動向を調べたデータがあります。一般社団法人「オーガニックヴィレッジジャパン（ＯＶＪ）」は２０１６年と２０１７年、１万人の消費者を対象にインターネットアンケートを実施しました。「ＯＶＪ」はオーガニックの調査、普及を目的とする団体で、会長は料理評論家で服部学園理事長の服部幸應さんが務めています。

２０１７年のアンケート結果によると、オーガニック食品を「購入したことがある」との回答が35・1％もありました。３人に１人が購入していることを考えると、それ以上の人に「オーガニック」という言葉が浸透していることが想像できます。さらに、オーガニック食品を「購入経験あり」と回答した人の53・６％は月１回以上の購入頻度でした。

オーガニック野菜・果物の購入先（複数回答）の項目では、大手スーパーが59・７％、地元スーパーが46・５％で、２０１６年の調査からどちらも約10ポイント上昇しました。１万人アンケート結果をまとめた「オーガニック白書」（ＯＶＪ）では、スーパーの常設販売、農産物直売所やマルシェなどの進出によって、「身近で売っていない、手に入れにくい」「値段が高い」というオーガニックを買わない二大理由の一つが崩れ始め、「手に入れやすくなった」商品に変わってきたと解説します。

次に、日本のオーガニック野菜の生産状況を見てみましょう。やや古いですが、農林水産省の２０１０年のデータによると農家数は約１万２０００戸でした。このうち農水省が定めるオーガニックJAS認証の取得農家は約4000戸、それ以外が約8000戸です。農家全体に占める割合は認証を取得していない農家を合わせても0・5%です。アメリカには、認証取得農場の数も、全体に占める割合もまだまだ及びません。

とはいえ、「OVJ」のアンケート結果からみても、日本でもオーガニック農作物の需要は確実に伸びています。市場のニーズに応えるため、オーガニック生産者の奪い合いも始まっています。宮城県の流通関係者によると、ここ数年、首都圏のスーパーや食品宅配事業者のバイヤーが都市部の消費者向けのオーガニック野菜の調達で、頻繁に東北地方の生産者を訪れるようになっているそうです。

CSAの主流はオーガニック栽培ですが、アメリカの全ての農場が農務省の指定する第三者機関の認証を取得しているかというと、そうではありません。オーガニック認証の調査項目は、農地で農薬と化学肥料を原則2年以上使っていないなど国際基準があり、認証を取得した農家と加工業者だけが商品に「オーガニック（有機）」と表示できます。

農務省の2017年の調査報告「コミュニティー支援型農業～マーケティング転換のニューモデル」によると、第三者認証の取得農場は27・2%、取得せずオーガニック野菜を提供するCSA農場は2倍超の59・0%でした。

CSA農場のオーガニック認証取得割合(%)

取得	27.2
未取得・認証水準	59.0
未取得・認証水準と慣行栽培併用	12.4
慣行栽培	1.4

農務省「コミュニティー支援型農業」より

ＣＳＡ農家の認証取得率が低いのは、消費者と顔の見える信頼関係を築きやすいＣＳＡならではの仕組みが背景にあると思います。双方の信頼関係があれば、第三者認証を取ってオーガニック野菜を証明する必要はありません。会員は毎週の受け渡し日に農場に足を運び、農家と会話して、どのように野菜が栽培されているか現場を見ていれば、わざわざ費用や手間の掛かる第三者認証を農家に求めなくてもよい信頼関係を築けます。

ファーマーズマーケットなど直接販売の販路も、消費者との信頼関係を築きやすいので第三者認証はそれほど重視されません。「イサカファーマーズマーケット」も、第三者認証の取得を出店条件としていません。しかし、スーパーや加工業者、卸販売にも野菜を出荷している農場は、公的なオーガニック認証が必要です。野菜の販売対象が不特定多数の消費者になるからです。イサカでも複数の販路を持つ農場は第三者認証を取得していました。張さんの「スティック・アンド・ストーン農場」も、トンプソンさんの「リメンバランス農場」もオーガニック認証を取得しています。

共同運営で負担とリスクを軽減

ＣＳＡを実践する生産農場について詳しく見てみましょう。「フルプレート農場集団」の７農場はいずれも小規模農家です。中心的存在の「スティック・アンド・ストーン農場」と「リメンバランス農場」でも農地面積は約１００エーカー（約40ヘクタール）です。野菜はすべてオーガニックで、農地の地力を回復させるために作物をローテーションして栽培します。そのため実際に野菜を栽培している面積は「スティック・アンド・ストーン農場」が約50エーカー（約20ヘクタール）、「リメンバランス農場」が約30エーカー（約12ヘクタール）です。栽培面積の違いはオーガニックの栽培方法が2農場で異なるためです。

アメリカの生産者は、農地面積をあまり気にしません。農務省の小規模農場の定義は、「年間販売額35万ドル（3850万円）未満」と売上実績で分類され、農地面積による区分はありません。栽培作物や栽培方法で生産性が変わるので農地面積で分類しても、売上額にばらつきがあるからです。取材した生産者の中には、日本の平均農地面積の2・5ヘクタールよりも狭い約2ヘクタールの農地で、会員250人のCSAを運営している腕利きもいました。とはいえ、売上額でみてもアメリカの農場の大多数は小規模経営です。年間売上額が100万ドル（1億1000万円）を超える大規模農場は全体のわずか4％しかありません。

取り放題のマーケットスタイルと箱詰めセットのボックススタイルの両方のCSAを運営する「フルプレート農場集団」の設立のきっかけは、もちろんCSAでした。2005年のことでした。「リメンバランス農場」のトンプソンさんが10年来の知り合いの「スティック・アンド・ストーン農場」の張さんに、CSAの共同運営を持ち掛けました。CSAは1農場の運営が一般的ですが、毎週10種類近くの野菜を安定的に全会員に提供するにはそれなりの栽培技術と経験が必要です。張さんはCSAの運営を半ば諦めていましたが、「農家がそれぞれ栽培を分担すれば、多品種栽培の負担が軽くなる」と考え、トンプソンさんの提案に乗りました。共同運営が張さんの抱いていたＣＳＡの不安を取り除いてくれたのでした。

数多くの慣れない野菜作りを一度に始めることは、手入れが行き届かず、計画通りの収量を確保できないリスクが高くなります。イサカで新規就農者に農業技術を指導するイクステンションでは、ＣＳＡを始めようと考えている新規就農者に、無理せず少しずつ栽培品種を増やすよう指導します。数多くの種類の野菜栽培に不安を感じているのであれば、「フルプレート農場集団」のように複数農場でＣＳＡを運営することを勧めます。共同運営のほかにも、複数の生産者が協同組合や会社を立ち上げてＣＳＡを運営する例もあります。

２０１７年の「フルプレート農場集団」の栽培分担は、「スティック・アンド・ストーン農場」がトマトやカボチャ、ズッキーニなどを担当しました。「リメンバランス農場」はレタスなどの葉もの野菜を作ります。「サマータイムズ農場」はイチゴやニンニク、「スリーストーン農場」はジャガイモやサツマイモなど根菜類を栽培します。それぞれの農場が分担することで、個々の農場の多品種栽培の負担は軽減されるし、会員は栽培技術の高い農家が手掛けた高品質の野菜を受け取ることができます。

夕方に会員に届ける野菜の収穫が続く「スティック・アンド・ストーン農場」

共同運営は、天候不順による栽培リスクの軽減にもなりました。２０１６年夏、イサカ地域は深刻な干ばつに見舞われました。「フルプレート農場集団」の農場も干ばつの被害を受けましたが、比較的影響の少なかった「スティック・アンド・ストーン農場」の野菜を例年よりも多くＣＳＡに供給することで他の農場の不作分を相殺して、会員に十分な野菜を提供することができました。

卵を一つのかごに盛るな

ＣＳＡは「スティック・アンド・ストーン農場」に新たな販路だけでなく安定収入ももたらしました。張さんはＣＳＡの売り上げを種や資材、人件費といった固定費に充て、卸売りやファーマーズマーケットで売り上げを伸ばします。販路をＣＳＡ１００パーセントにしないのは、豊作時の無駄と不作時のリスクを避けるためです。野菜が豊作だった時、余剰分の野菜は卸売りやファーマーズマーケットに持ち込み、売り上げを伸ばすことができます。収量が少なかった時には、卸売りやファーマーズマーケットへの出荷を減らしてＣＳＡ会員に提供することができます。

売り上げの割合は、ＣＳＡが４割、卸売りが５割、ファーマーズマーケットが１割です。豊作時は卸売りやファーマーズマーケットの売上割合が高くなり、不作時はＣＳＡの割合が４割よりも高くなります。

会員も、運営農場が複数の販路を持っている方が安定して野菜を受け取れます。販路がＣＳＡ一本の農場は、収穫した野菜を他に販売しないので、会員は豊作時には食べ切れないほどの野菜を受け取ることになり、不作時には受け取る野菜が少なくなります。つまり、豊作時の無駄や不作時の野菜不足が起こりやすくなるのです。

ＣＳＡ農場が複数の販路を持っていることを示すデータがあります。農務省の調査報告「コミュニティー支援型農業～マーケティング転換のニューモデル」によると、ＣＳＡの売上額が農場の収入全体に占める割合の平均は53・２％でした。残りの収入は他の販路の組み合わせです。ＣＳＡ農家の販売方法で割合が高かったのは、ファーマーズマーケット64・８％、レストランへの販売55・０％、農場直売店41・４％、食料品店への販売38・４％などでした。

ＣＳＡ農場の他の販売ルート（％）

販売先	割合
ファーマーズマーケット	64.8
レストラン	55.0
農場直売店	41.4
食料品店	38.4
学校・施設	19.6
その他	22.4

複数回答。農務省「コミュニティー支援型農業」より

売り先を絞ることの危険性を指摘する専門家もいました。取引先が一つだと、もし唯一の売り先が取引をやめると言い出せば販路が完全になくなってしまうからです。結果として、買い手側に圧倒的な力を与えることにつながるのです。東日本大震災の被災地でも、買い手側が圧倒的な力を持っていたため、復興途上の生産者が販路を取り戻せず苦労しました。この点からも、ＣＳＡを販路に加えることは農場の収入を安定させる上でとても重要です。

あなたは「卵を一つのかごに盛るな」という格言を聞いたことはありませんか？　一つのかごに卵を盛ると、そのかごを落とした時

に卵が全部割れてしまうかもしれません。でも、いくつかのかごに分けて盛れば一つのかごを落としても、他のかごの卵は割れずに済み、リスクを分散できます。日本ではこの格言を証券会社などが、いくつかの金融商品に分散して投資することを勧める時に用います。

私はこの卵の格言を、アメリカの複数のCSA生産者から聞きました。かごが野菜の種類、卵がそれぞれの野菜の生産量に置き換わります。例えば、ある農家がナス専門に栽培しているとします。受粉の時期に雨が降り続き、収量が思わしくなかったとします。売り物はナスだけなので、不作は農場の売り上げに直結します。でも、カボチャやトマト、ジャガイモなど他にもいくつか野菜を作っていれば、ナスの不作分を他の作物で埋め合わせることができます。

一つの品種だけを育てる単一栽培は、土の中の養分や微生物のバランスが崩れて野菜の収量を減らす連作障害の心配も付きまといます。CSA農場の多くはオーガニック野菜を作ります。土の養分を回復させるためには多品種栽培が重要になります。土の栄養分を増やす牧草栽培を組み入れ、連作障害に遭わないように季節ごとに植える作物をローテーションしてリスクを回避します。

リスク共有はCSAの強調材料にあらず

CSAは1986年にアメリカ東部の2農場で始まりました。CSAの直接販売の手法は、農業規模の拡大や効率化、低価格競争への対抗策として小規模農場や地域の人たちの注目を集め、草の根的にじわじわアメリカ全域に拡散しました。その時に注目されたのが、ＣＳＡ農場と消費者の「生産リスクの共有」でした。大雨や干ばつの影響で不作になり、会員に配る野菜が少なくなっても、事前に払った会費は払い戻さず、会員も農場とともに損失を共有するという考えです。

日本でもＣＳＡというと、リスクの共有がクローズアップされてきました。渡米前、私が描いていたＣＳＡのポイントもそこにありました。アメリカではどのようにして消費者にリスク共有を理解してもらい、ＣＳＡを広めていったのか。取材の必須テーマと考えていました。

しかし実際は違いました。アメリカでは、リスクの共有はもうＣＳＡの主要なポイントではありませんでした。それよりも、新鮮な完熟野菜を割安で購入できるお得感、農薬などを使わないオーガニック野菜、親しい農家の友人がいる安心感など、消費者が得るメリットをＣＳＡの魅力として強調していました。時代とともにしなやかに変化するアメリカのＣＳＡでは、リスク共有が過去のアピールポイントに変わっていました。

コーネル大学のイクステンションの研究員モニカ・ロスさんは、「リスクの共有は３番手か４番手の特徴。最初に消費者に説明する項目ではありません」と言い切ります。ＣＳＡには多くの消費者メリットがあるのだから、まずそれらを強調して会員の裾野を広げることが重要です。確かに、最初に、損をするかもしれないリスクを説明されても消費者は身構えてしまいます。

ロスさんはこうも話します。「ＣＳＡは野菜を割安で得られるシーズンがほとんどで、会員にリスクが及ぶケースは非常に少ないです。でも、たった一度の不作に目くじらを立てる会員がいることも事実です」。リスクの共有はＣＳＡの主要なポイントではなくなりましたが、後々のトラブルを避けるために事前に消費者に伝えるべき要件として念頭に置く必要があります。

生産者と消費者双方にメリットのあるCSAの「食のシーズン券」の仕組みを、他の食品を扱う人たちも黙って見ていませんでした。パンのCSAと製粉、小麦栽培をつないで地域内で資源とお金を循環させ、地域を豊かにしている取り組みもありました。第3章では、野菜のCSAをモデルに生まれた多様な食産業のCSAを紹介します。

第3章　野菜だけじゃない多様なCSA

いつも完売 パンのCSA

アメリカでぜひ取材したかったのがパンのCSAでした。CSAは作る人と食べる人が直接取引して、持続的で安定的な農業や水産業を目指します。地域経済の視点で考えると、ベーカリーやレストラン、食品加工業者は地元の産業を支える重要なメンバーです。地元の食材を農家から買って、調理して販売する加工・製造業者がCSAの輪に加われば地域の中でお金が循環して、地域はより豊かになります。

イサカで取材したパンのCSAは、リスクを減らして経営を安定させる取り組みでした。パン工房の名前は「ワイド・アウェイク・ベーカリー」。2011年にオープンしました。今にも鳴き声が聞こえてきそうな赤地に黒色のワイルドなニワトリの絵が店のシンボルマークです。イサカでは、このニワトリのワッペンを貼り付けたCSA会員とおぼしき車とよくすれ違います。

パン工房はステファン・センダースさんが52歳の時に始めました。場所はイサカ中心部から15キロほど西に離れた農村地帯です。センダースさんが店を始めたころ、CSAの世帯普及率の高いイサカでもパンを提供するCSAはありませんでした。でも、既にCSAの仕組み自体が地域に根付いていたので、地元産のオーガニック小麦粉を原料にパンを焼き、地域の経済、コミュニティーを支えるという取り組みは、「かっこいい」「面白い」と住民に歓迎されました。

会員約４００人が定期的にパンを受け取ります。パンの形はドーム状で重さが１・５ポンド（約６８０グラム）あり、だいたい6食分になります。原料は地元産のオーガニック小麦で年間14トンほど使います。パンの価格は、会員が1個5・5ドル（６０５円）、小売りが6・5ドル（７１５円）です。日本では地元産のコメが地元スーパーで普通に手に入りますが、アメリカは小麦の流通経路が複雑で地元産の小麦粉を扱う小売店はまれです。イサカのスーパーで販売している同じ重さの産地不明のオーガニック小麦のパンが5・5ドルぐらいなので、地元産小麦を使ったプレミア感あるセンダースさんのCSAのパンの方が断然お得です。

商業ビルに設けられた「ワイド・アウェイク・ベーカリー」の受け渡し会場

「ワイド・アウェイク・ベーカリー」の売り上げは、CSAと地元レストランなどへの販売が半分ずつで、小売りは1割弱です。1週間の売り上げは多い週に７７００ドル（84万７０００円）になります。

会員がパンを受け取る手順は、まず最初に「ワイド・アウェイク・ベーカリー」のウェブサイトから会員登録をして自分専用の口座を開き、毎週受け取るパンの数、受け取り場所と曜日を登録します。この時、クレジットカードを使って口座に入金します。会員は登録した曜日に受け渡し会場に行き、名簿にサインしてパンを受け取ります。会費は毎週注文したパンの数だけ口座から引き落とされます。もし、旅行や出張などで受け取りをキャンセルしたい時は、受取日の3日前までにウェブサイトからキャンセルの手続きをします。

ベーカリーでは毎週、会員の登録内容を確認して必要な数のパンを焼き、それぞれの受け渡し会場に運びます。場所はイサカ中心街の商業ビルの一角や、郊外のレストランなど数カ所です。商業ビルでは火曜と金曜の夕方、2時間ほど仮設の受け渡し会場を開きます。ビル1階の通路に長テーブルを二つ並べて、その上にクロスを敷くだけのシンプルな構えです。ショッピングモールなどの歳末セールで見掛ける福引コーナーのようなイメージです。

受け渡し会場となるフロアには焼きたてのパンの香りが広がります。受け取りに訪れた会員の列もできるので、買い物客の注目を集めます。パンは会員以外にも販売しており、お試しでパンを買った人が会員になることもあります。商業ビルでのパンの受け渡しが宣伝のような役割を果たし、新しい会員の獲得につながっています。

パンは「ワイド・アウェイク・ベーカリー」が提携する3農場でも受け取れます。CSA農場の野菜の受け渡し日に合わせてパンが農場に届くので、会員は野菜とパンを一度に持ち帰れます。農場も野菜以外の食材をそろえることで自分たちのCSAの魅力をアップできます。

イサカではこのCSAのコラボレーションがちょっとしたブームになっています。7農場が共同運営する「フルプレート農場集団」は、センダースさんのパンのほかにヨーグルト、果物、卵、肉のCSAとコラボレーションしています。会員への食材の受け渡しはCSA農場のスタッフが担当します。農場への委託料の支払いはありませんが、その代わり、会員が受け取りに来ずに残ったパンやヨーグルトを農場のスタッフが謝礼として持ち帰ります。毎回、１割ぐらいの食べ物が残るそうです。私も「フルプレート農場集団」の取材で、残ったパンや果物のお相伴にあずかりました。

店舗を持たず固定費抑制

パン工房を開く前、センダースさんが考えたのは、二つのリスクをできるだけ抑えることでした。一つは、真冬や雨の日に売り上げが減ってしまう季節と天気のリスクです。イサカは11月から４月まで雪が降る北国です。車社会とはいえ、雪の日は買い物に出る気持ちが薄れます。センダースさんは、長い冬の間も売り上げを落とさず収入を安定させることが必要だと考えました。

もう一つは販売店舗を持つことによる固定費のリスクです。販売店舗を構えるには、買い物客の利便性の良い土地を買うか借りるかしなければいけません。内装など準備費用もかかります。開店後は、店の維持費や人件費などが必要になります。雪の日も雨の日もお客さんを待ち続けなければなりません。

センダースさんが着目したのは、イサカのあちこちで見られる野菜のＣＳＡでした。会員は事前に会費を払い、決められた時間と場所に野菜を受け取りに来ます。雪や雨が降っても既に会費を受け取っているので売り上げは落ちません。事前に必要な数量が分かるので売れ残りの心配もありません。朝から晩までお客さんを待ち続けることもありません。受け渡し場所を農場の作業小屋やファーマーズマーケットなどにすれば、わざわざ立派な店を構える必要はありません。センダースさんはCSAを、パン工房の経営リスクを抑える「保険」にしようと考えました。

イサカの郊外にある「ワイド・アウェイク・ベーカリー」のパン工房は、牧草地や麦畑が広がる農村地帯にあります。工房の中央には、存在感のある大きな石窯がどっかりと腰を下ろします。まきをくべてパンを焼く19世紀末のスペイン式だそうで、1度に60個のパンしか焼けません。まき式オーブンは火力にむらが出やすく、パンを焼き上げるのに手間が掛かります。でも、地元の木材の有効活用の観点から、センダースさんはガスオーブンを選びませんでした。

パン生地作りから焼き加減の調整まで全て手作業なので、機械化されたパン工場との生産能力の差は歴然です。「ワイド・アウェイク・ベーカリー」では繁忙期、1週間に1400個のパンを焼きますが、パン工場なら同じ数をたった3時間で製造できるそうです。パン工場と経済性や作業効率を競っても勝ち目はありません。だからこそ、地元産のオーガニック小麦粉を使ったパン生地を地元のまきを使って焼いて付加価値を付けています。

センダースさんの前職は文化人類学の研究者で、自殺問題の研究機関に勤めていました。研究施設では自殺に関係する脳内物質を調査していたそうですが、そんな研究よりもおいしいパンを食べてもらうことやパンを通じて地域の人たちがつながることのほうが、はるかに健全な自殺予防になると考えました。

「主食のパン、毎日食べるパンだからこそ、地域コミュニティーに関わりが持てる。こんがり焼き上がったおいしいパンを口にすれば、心が和らぎ、優しい気持ちになり、人への気遣いが生まれる。パンが地域の人たちの気持ちを変え、地域の人たちがコミュニティーを変えていく」。そんな地域に根差した小さな小さなパン屋さんを続けていきたいそうです。

センダースさんは、「日本人はご飯に同じ思いを抱くはずだ」と、パンのCSAの手法のコメ食材への活用を強く勧めます。私は話を聞いて、おむすび屋さん、弁当屋さん、飲食店などでの地元食材を活用したCSAをイメージしました。地域の飲食店、加工業者が地域の食材を買い取り、調理して提供すれば地域内のお金の循環量が増えます。炊きたてのご飯の香りや味わいが地域の人の気持ちを和らげ、心もおなかも満たしてくれる。飲食店のCSAは、持続的な地域コミュニティーのよりどころになるかもしれません。

肝心の「ワイド・アウェイク・ベーカリー」のパンの味ですが、口に含むと爽やかな酸味が広がり、かむとほのかな甘みを感じました。外側はかりかりした歯応えで、内側はもちもちした食感。オリーブオイルやペーストとの相性が抜群でした。

市場主導型の農業システムに反旗

センダースさんはイサカ初のパンのCSAを始めましたが、地元産の小麦粉を使ったパン工房の開業を働き掛けた仕掛け人がいます。地元でオーガニック小麦を栽培するソー・オースナーさんです。

規模を拡大しても作業の効率化を図っても利益は上がらず、さらに厳しい経営努力が求められる。手塩に掛けた小麦の価格は、イサカから遠く離れたシカゴの穀物市場の相場で決められる。オースナーさんは、この不条理な小麦生産現場の状況を変えようと立ち上がりました。

第1章で紹介した「全国農民組合」のウェブサイトによると、アメリカ人の主食となるパンは、2ポンド（約900グラム）の小売価格2・99ドル（約329円）のうち、小麦生産者が得られる手取り額はたった0・1ドル（11円）です。1食分（食パン2枚）に換算すると、わずか0・013ドル（約1・5円）です。

小麦生産者の経営競争の厳しさは他のデータからも読み取れます。農務省の「農業センサス」によると、2012年の小麦生産農場数は約14万8000戸で、20年前の1992年の約29万2000戸から半減しました。しかも、その中で2000エーカー（約800ヘクタール）以上の耕地面積に拡大できた農場は、わずか約4000戸です。37戸に1戸しか大規模化レースに勝ち残れなかったのです。

市場主義型の農業に反旗を揚げたオースナーさん

努力の報われない小麦生産者の現状を変えようとオースナーさんが掲げた目標は二つです。一つは地元生産者の小麦を地元の人たちに食べてもらうこと、もう一つは信頼できる地元の買い手を確保して持続的な小麦生産を実現させることです。

先ほど紹介したように、パン１食分の小麦の生産者利益はわずか０・０１３ドルです。農家が小麦栽培だけで食べていくため、オースナーさんは手取り額を10倍にしようと考えました。効率化や規模拡大で巨大農場と争っても先が見えているので、化学的に製造した殺虫剤や肥料などを使わないオーガニック栽培で付加価値を付けようと決めました。

オーガニック栽培は草刈りや害虫の駆除など農作業が大幅に増えます。土壌の栄養分を回復させるために小麦栽培を一定期間休ませなければならず、土地の生産効率が落ちます。でも、その対価として高付加価値のオーガニックの小麦を生産できるわけです。

オースナーさんは1年目、15エーカー（約6ヘクタール）の農地から小麦栽培を始めました。農地の買い取りや借り上げで少しずつ面積を増やし、２０１７年には１０００エーカー（約４００ヘクタール）弱に拡大しました。とはいえ、実際に小麦を栽培するのは全

アメリカの面積別小麦農場数

面積（エーカー）	農場（戸）	割合（%）
15未満	14348	10
15~	32446	22
50~	23425	16
100~	30720	21
250~	19138	13
500~	14853	10
1000~	8692	6
2000~	4010	3
計	147632	

「2012年農業センサス」より。
小数点1位を四捨五入したため合計と一致しない。
1エーカー=約0．4ヘクタール

体の3分の1程度です。土壌の栄養分を回復させるために、トウモロコシやソバ、牧草などとローテーションを組んで植えるからです。2017年にオースナーさんが小麦を作付けした農地は、全体の4分の1の約250エーカー（約100ヘクタール）にすぎません。

地域に取り戻した小麦製粉所

地元消費者に地元産の小麦粉を届けるには、オースナーさんはもう一つ難問を解決しなければなりませんでした。小麦粉を作る製粉所の再建です。私たち日本人にはピンときませんが、小麦の製粉所はコメでいうところの乾燥・貯蔵施設のカントリーエレベーターのような存在です。

アメリカでは、製粉業界の集約が小麦農業よりも速いスピードで進みました。オースナーさんが住むエンフィールド地区の100年前の人口は1300人で、製粉所は地区に3軒ありました。今は人口が100年前の3倍に増えましたが、製粉所はエンフィールド地区を含むイサカから姿を消しました。人口約2000万人のニューヨーク州全体でも、わずか2軒しかないそうです。製粉所が小麦の生産現場にないので、地元で収穫した小麦は別の州に運ばれます。かつて当たり前のように口にしていた地元産の小麦は、今はどこで製粉され、販売されているのか、分からなくなってしまいました。

地元消費者に地元産の小麦粉を提供するにも、小麦生産者の収入を増やすにも製粉所が不可欠でした。そこでオースナーさんは２００９年、製粉所を地域に取り戻すプロジェクトに友人たちと着手しました。最も苦労したのは製粉技術の習得でした。アメリカの製粉業界は閉鎖的な体質で、昔から同業者とのつながりをほとんど持たないそうです。製粉メジャーと呼ばれる大企業は当然ながらオースナーさんたちを相手にしません。ニューヨーク州に残る二つの製粉所も冷淡でした。オースナーさんが何度足を運んでも、全く相談に乗ってくれませんでした。相当悔しい思いをしたのだと思います。いつも笑顔のオースナーさんが、この時だけは目に涙を浮かべて当時の状況を話してくれました。

製粉技術の習得に行き詰まり、オースナーさんたちは途方に暮れましたが、手を差し伸べる人たちが現れます。地元レストランのシェフや生協のスタッフたちが、地元産小麦粉の復活を目指すプロジェクトに共感して協力を申し出たのです。栽培する小麦の銘柄や粉の肌理《きめ》など最適な製粉技術を得るための試行錯誤を繰り返し、オースナーさんは自分たちの地域に合った製法を作り上げました。

地元産のオーガニック小麦という珍しさに加え、地元の製粉所で作る小麦粉はそれだけで相当の付加価値があります。高級食材として売り出しても買い手は付いたそうです。でも、オースナーさんたちはそうしませんでした。プロジェクトの目的は、もうかる農家ではなく、安定収入を得られる持続的な農家です。「一部の裕福な人だけが買える小麦粉ではなく、地域の誰もが手に入れられる小麦粉にしたい」。オースナーさんは農家が再生産可能なぎりぎりの値段に抑えて販売しました。

小売価格は1ポンド（約４５０グラム）当たり1・49ドル（約１６４円）です。イサカ市内のスーパーで売っている同じ重さの産地不明のオーガニック小麦が1・66ドル（約１８３円）だったので、オースナーさんの小麦粉の割安感がよく分かります。オール地元産という珍しさや地域の人たちの支持を受け、地元産の小麦粉の販売エリアはニューヨーク州内のスーパーなど約１５０店舗に広がりました。

小麦生産者の手取りが10倍に

生産者仲間も増えました。２０１７年はオースナーさんを入れて９人がオーガニック小麦を栽培しました。生産量は２０１５年に３３０トンまで拡大しました。イサカの慣行栽培小麦の手取り相場は1ポンド（約４５０グラム）当たり０・０４ドル（４・４円）程度ですが、オースナーさんは仲間の生産者に10倍の０・４ドル（44円）を支払います。製粉料、運送費など小麦粉の販売価格を決める内訳は包み隠さず仲間の生産者に示します。販売までにかかる経費をつまびらかにすることで、オースナーさんを信頼して生産者が小麦栽培に取り組める環境をつくれるそうです。

他州から、オースナーさんたちの取り組みを視察に来る生産者も相次いでいます。製粉業界の閉鎖的な体質に苦しんだ経験を他の生産者にさせたくないと、オースナーさんは視察をできる限り受け入れ、体得した製粉技術を伝えてシェアします。地元の小麦生産者が持続可能な収入を得て、地元産小麦を扱う製粉所やパン工房ができれば、これまで地域から流出していた小麦に関連するお金を取り戻すことができ、地域経済が潤います。オースナーさんは、自分たちのような取り組みがアメリカ各地に広がることを期待します。

オースナーさんたちは、地元のコーネル大学の学生たちの関心も呼んでいます。農場や製粉所、パン工房を見学に訪れ、小麦からパンができるまでの過程や地元食材を生かして地域経済を循環させる取り組みを学んでいきます。多くは非農家の家庭で育った学生だそうです。

オースナーさん自身も父親が学校教員という非農家出身で、酪農を営む祖父の影響で農業に興味を持ちました。コーネル大学に在籍した１９８０年代、農業に関心のある学生はオースナーさん以外、周りに一人もいませんでした。それから30年たち、大学で農業を学び農家を志す学生が増えていることが分かり、オースナーさんは「世の中が正しい方向に向かっている」と強く感じるそうです。

小麦・製粉・パンで地域内経済循環

オースナーさんたちのオーガニック小麦の栽培、製粉所の再建、パンのＣＳＡの運営によって、地元産小麦の生産、製粉、販売がイサカ内で完結するようになりました。オーガニック小麦とお金を効果的にぐるぐる循環させる地域経済の歯車ができたのです。

少ない投資額で地域経済を効率的に活性化させる考え方に、「地域内乗数効果」という理論があります。地域から漏れ出るお金を減らして、地域内で投資を繰り返してお金を循環させる。これによって、少ない金額でも多くの経済効果を生むことができるという考えです。イギリスでは２０００年ごろから、地域経済の活性化の新しい取り組みとして「地域内乗数効果」理論が実践されています。

地域内でお金をぐるぐる循環させる効果とはどういうものか詳しく見てみましょう。左ページの図のように１００万円を原資に、20％ずつ地域の外にお金が出ていく場合と、50％ずつ出ていく場合で比べます。20％ずつの方は、１００万円を1回使うと20万円が地域の外に出るので残りは80万円になります。２回目、３回目も20％ずつ出て行くので、残りはそれぞれ64万円、51・２万円になります。３回の循環で地域内で計２９５・2万円の経済効果が生まれます。

一方、50％ずつ地域の外に出て行く場合は、３回の循環で50万円、25万円、12・５万円となり、計１８７・5万円の効果しか生みません。流れ出る割合が30％違うと、３回の循環で１００万円以上の経済効果の差が生まれるのです。地域から漏れ出る資金を抑えることは、少ない投資で効率的に経済効果を上げるための大切なポイントです。

オースナーさんたちの取り組みは、「地域内乗数効果」を引き出した好事例です。地元の消費者は地元のパン工房にパンのＣＳＡの会費を支払います。パン工房は小麦粉の代金を地元の製粉所に支払い、製粉所は地元の小麦生産者に小麦の代金を支払います。生産・加工・消費をつなぎ、地域外への小麦の流出を抑え、パンと小麦粉の購入で地域外に流れ出ていたお金を地域内で循環させて地域を豊かにしています。

日本ではこれまで、地域経済対策や過疎対策として大がかりな公共事業が行われてきました。でも、どれほど事業費が膨大でも、受注する業者が地元企業でなかったり、資材の調達先が地域外の企業だったりすれば、投資した事業費がそのまま地域の外に流れ出るので、地元経済への恩恵はほんのわずかになります。同様に、地元産業と関係のない東京資本の工場やホテル、コールセンターを誘致しても、利益が外へ流れ出るので地域への経済効果は限定的です。

域内循環率の差で生じる需要総額比較

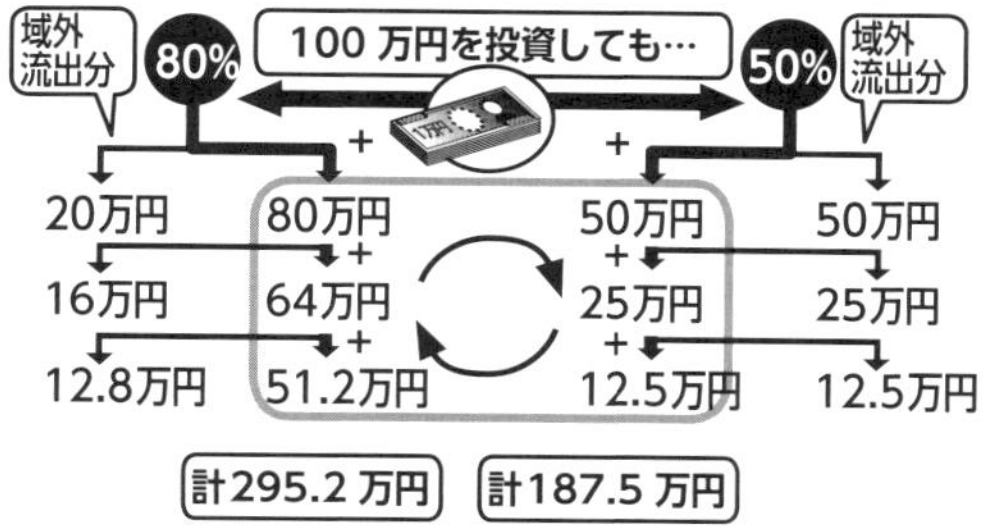

藤山浩編著『「循環型経済」をつくる』（農文協）を基に作成

人口減少局面に入った日本で、大規模な公共投資は期待できません。だからこそ、地域内でお金を循環させることで生じる経済効果をできるだけ大きくすることが重要になるのです。小麦生産からパン販売までをつなげて一気通貫させたオースナーさんたちの取り組みのように、生産、加工、販売、飲食を地域内でつなぐサイクルをつくる方が、地域内循環の効果は上がります。人口の少ない地域は、地元消費だけでは経営がうまく回らない商売もあります。地域外からの外貨獲得のために大都市にＣＳＡの受け渡し会場を設けるなど、域内外の販売を組み合わせることが持続的な経営につながります。

「消費は投票行動」を実践

パンのCSAもそうですが、住民の「バイ・ローカル（地産地消）」の実践は欠かせません。CSAの世帯普及率が12％もあるイサカは、地元産品を買おうという考えが広く住民に浸透しています。CSA会員に入会理由を聞くと、「農家により多くのお金が届く」「地域経済に貢献できる」など、モノの対価としての支払い以上の目的を挙げる人が数多くいました。

「消費は投票行動」といわれます。選挙で候補者に投票するのと同じように、商品を買うことはその商品や生産者への支持を表しているという考えです。購買者（支持者）が増えれば商品は人気になりますし、生産者の経営は安定します。野菜一つを買うのでも、ファーマーズマーケットで農家から直接買うのと中央資本のスーパーで買うのとでは、お金の行き先、働き方が変わります。消費者はモノとカネの交換から一歩進んで、支払ったお金が発揮する効果を考えるようになれば、地域経済は今よりも豊かになります。私たちがおむすび一つ買う時も、大手のコンビニで買うのと地域の弁当屋さんで買うのとでは、お金の働き方が変わるのです。

イサカの人たちの「投票行動」を象徴するエピソードを紹介します。コーネル大学で知り合ったインドネシア人女性の話です。この女性は、イサカに来て「ウォルマート」の買い物客の少なさにとても驚いたそうです。「ウォルマート」は言わずと知れた低価格を売りにするアメリカ最大規模のスーパーチェーンです。この女性が以前に住んでいた西海岸の都市の「ウォルマート」は、朝から晩まで買い物客でごった返していたそうです。それがイサカではいつも閑古鳥が鳴いていて、とても不思議に思ったそうです。

これはイサカの人たちが大手資本のスーパーよりも地元の農家、小売店を大事にしている「投票行動」の現れです。イサカでは夏になると、住民がＣＳＡやファーマーズマーケットで野菜を購入するので、スーパーの売り上げが落ち込むそうです。イサカの「ウォルマート」は「店員が買い物カートでレースしていた」との目撃情報が出るくらい閑散としています。

イサカ住民の「投票行動」を象徴するにぎわいをみせるファーマーズマーケット

漁業者と消費者をつなぐCSF

野菜から始まったＣＳＡは水産業にも応用されています。「コミュニティー・サポーティド・フィッシャリー（Community Supported Fishery, CSF）」という名前でアメリカとカナダの沿岸地域に浸透しています。日本語では「コミュニティー支援型水産業」になります。流通業者や小売業者を介さず消費者と直接取引する仕組みは野菜のＣＳＡと同じで、会員は漁業者が水揚げした新鮮な魚介類を優先的に受け取ることができます。

CSFを実践する漁業者・団体の数を示す公的な統計はありませんが、アメリカとカナダのCSFを検索できるウェブサイトがあります。運営するNPO法人「ローカル・キャッチ・ドット・オルグ」によると、2017年6月の時点で75漁業者・団体がCSFをウェブサイトに登録しています。

2017年5月、私は大西洋沿岸のニューハンプシャー州ポーツマスでCSFを運営する協同組合「ニューハンプシャー・コミュニティー水産」を訪ねました。ポーツマスというと、私たち日本人には日露戦争の講和条約（1905年）のポーツマス条約が結ばれた町として知られます。古くはタラ漁のさかんな港町として栄えました。2000年には100人を超える漁業者がいましたが、2007年ごろタラの水揚げが激減しました。乱獲と温暖化の影響とみられます。2009年にアメリカ政府が厳しいタラの漁業規制を始めると漁師たちは次々と海を離れ、沿岸漁業に携わる漁師はわずか9人に減ってしまいました。

ポーツマスの住民有志と漁業者は、水産業の衰退に歯止めをかけようと、2013年、CSFを運営する協同組合「ニューハンプシャー・コミュニティー水産」を設立しました。地元漁業が危機的状況にあることは、新聞やテレビなどメディアでたびたび取り上げられました。住民のCSFへの関心は高く、会員数は設立から5年で当初会員数の3倍の約650人に拡大しました。

会員が受け取る魚介類は、沿岸で取れるカレイ、アンコウ、スケトウダラなど十数種やロブスター、カキです。受け渡しは毎週で、漁業者が当番制で水揚げを担当します。提供する魚介類はその時々の漁の状況を見ながら1種に絞るので、すんなり魚種が決まらないこともあります。水揚げした魚はすぐに加工場に運び、切り身にしてパック詰めします。アメリカは魚をさばける消費者がほとんどおらず、切り身での提供が基本だそうです。

会員には電子メールのニュースレターが毎週月曜に届きます。その週に受け取る魚介類とレシピを写真とともに紹介します。提供する魚種がなかなか決まらない時でもニュースレターを送信する月曜の朝までには魚を確定させます。会員が仕事や旅行で食材を受け取りに行けない場合は、月曜までにウェブサイトからキャンセルできます。キャンセル分は、ウェブサイトから再予約して、後日、キャンセル分と通常分の魚介類を一緒に受け取ります。

「ニューハンプシャー・コミュニティー水産」のCSFの魚の切り身パック

「ニューハンプシャー・コミュニティー水産」のCSFの期間は4月から12月までで、8週、15週、30週の3コースがあります。2017年の会員の割合は、8週と15週が4割ずつ、残り2割が30週でした。サイズは4人向け2ポンド（約900グラム）、2人向けの1ポンド（約450グラム）、1人向けのハーフポンド（約230グラム）に分かれます。

会費はシーズン前に支払います。2人向

けサイズの週当たりの会費は、8週が約14・4ドル（1584円）、15週が14ドル（1540円）、30週が約13・8ドル（1518円）で、期間が長いほど会費は割安になります。クレジットカード払いOKで、カード手数料は会員が払います。

気になる小売店との価格差ですが、最も割高な8週の会費が地元鮮魚店で販売する地元産の魚とほぼ同じ価格なので、期間が長いコースは割安になります。CSFには、スーパーよりも鮮度や品質が確かで、地元の水産業を買い支えるという地域貢献の付加価値も付きます。

シーフードは「ハレ」の食材

「ニューハンプシャー・コミュニティー水産」は、会員に提供する魚介類の種類が豊富なので受け渡しを毎週にしています。でも、CSFは一般的に、受け渡しの頻度が隔週や月1回で、野菜のCSAよりも間隔が空きます。理由は肉食が主流のアメリカの食文化にあります。アメリカ人1人当たりの魚介類の年間平均消費量は7キロ弱で、日本人の3分の1以下です。値段は野菜よりも高いし、ロブスターやサーモン、カキなど特定の食材が毎週届けば飽きてしまいます。そのため受け渡し間隔を隔週以上に広げるCSFが多いのです。

大西洋に面したコネチカット州の港町でカキのCSFを運営するブレン・スミスさんは、会員への受け渡しを隔週と月1回の選択制にしています。「アメリカ人にとって魚介類は、どちらかとい

う と特別な食材です」と、受け渡しの間隔を長く取る理由を説明します。

「ニューハンプシャー・コミュニティー水産」の２０１７年の会員への受け渡し場所は24カ所で、このうち10カ所が野菜ＣＳＡの農場とのコラボレーションでした。会員への魚介類の受け渡しは、農場の担当者に代行してもらいます。謝礼はＣＳＦの魚介類です。他の受け渡し場所は、ポーツマス中心街の飲食店やファーマーズマーケットなどです。また、新規の受け渡し場所は、配送コストを考えて25人以上の会員が集まった時点で開設することにしています。

ＣＳＦは天気の影響を大きく受けます。ハリケーンなどで出漁できない場合の対応を事前に考えておかなければなりません。「ニューハンプシャー・コミュニティー水産」では、荒天が予想される場合は漁に出る日を早めて食材を確保します。天気予報の精度が上がっていることもあり、受け渡しを延期したことは一度もないそうです。それでも、出漁できない場合の対応は決めています。まず、電子メールで受け渡しの延期を会員に伝えます。会員は翌週以降、延期された分を受け取る希望日をウェブサイトからリクエストして、受け渡し日に当日分と併せて食材を持ち帰ります。

他には、出漁できなかった分の受け渡しをシーズン最終週の翌週に振り替えるＣＳＦもあります。休止分の代金を払い戻したり、リスクの共有と称して休止分の損失を会員も負担したりするＣＳＦは見当たりませんでした。大西洋の生態系保護に取り組むＮＰＯ法人「大西洋北西部海洋連合（ＮＡＭＡ）」がウェブサイトで公開する漁業者向けのＣＳＦのガイドブックにも、漁を見合わせた時の対応に関する記載があります。荒天で出漁できない場合の会員への連絡方法やその後の対応について、「会員とトラブルにならないよう入会前に休漁時の対応を十分説明する」と助言します。

野菜と魚介類を共同配送

協同組合組織の「ニューハンプシャー・コミュニティー水産」では、漁業者への支払いを魚介類を買い取る都度に行います。その日、地元の魚市場で付いた取引値に1ポンド（約450グラム）当たり0・5ドル（55円）上乗せして、漁業者に支払います。地元魚市場の取引相場は1ポンド当たり1ドル（110円）から3・75ドル（412・5円）の間だそうです。最も取引値の安い1ポンド当たり1ドルの魚は市場の5割増しで買い取る計算になります。2016年の漁業者からの買い取り量は約24トンに上りました。

漁業者に支払う上乗せ額は2017年6月まで、1ポンド当たり0・25ドル（27・5円）でした。「ニューハンプシャー・コミュニティー水産」の組合委員長でロブスター漁師のデーモン・フランプトンさんは、早期の買い取り額引き上げを組合で提案してきました。漁師が激減したニューハンプシャー州では2010年以降、新規の担い手が1人も生まれていません。地元水産業を持続させるには漁業者の安定的な収入の確保が不可欠と考えたからです。

上乗せ額の0・5ドルへの引き上げは2017年末の予定でしたが、会員数と売り上げの伸びが順調だったので実施を半年前倒ししました。「1ポンド当たり0・25ドルの買い取りは、漁師を支援する金額として十分ではありませんでした。これでようやく漁業者を支えることができます」とフランプトンさんは力を込めます。

「ニューハンプシャー・コミュニティー水産」は組合方式で運営していますが、CSFは漁業者ごとの家族経営が多いそうです。家族経営のCSFは水揚げ、加工、配送、会計、会員への対応などを夫婦や親子で分担します。組合方式で運営するCSFは、規模が大きくなると運営全般を管理する専属のマネジャーが必要になります。

タラの不漁以降、新規漁業者のないポーツマスの漁港

アンドレア・トムリンソンさんは2015年に「ニューハンプシャー・コミュニティー水産」のゼネラルマネジャーに就きました。主な仕事は、魚介類の受け渡し調整や配送、電子メールのニュースレター作成、会員の勧誘、クレーム対応などです。職員はトムリンソンさんと配送ドライバーの2人。シーズン中は食材の配送調整が頻繁に入ります。私が取材で待ち合わせた日も、急きょ配送調整が入り、約束よりも30分ほど遅れて来ました。トムリンソンさんは「この仕事量をたった2人でこなすのはクレイジーです」と愚痴をこぼしながら遅刻をわびました。

マンパワーが限られるので、ポーツマスから離れた地域への配送は、州内各地への輸送網があるCSA農場のドライバーに委託します。魚介類の入ったクーラーボックスを各地の受け渡し場所まで運んでもらいます。ドライバーには荷物の重さに応じて輸送代を払います。日本でもビールメーカーや食品メーカーなどによる共同輸送の検討、実施が進んでいます。「ニューハンプシャー・コミュニティー水産」のＣＳＡ農場との連携は、共同輸送のローカル版ともいえます。

漁業者の声を会員に届けることもトムリンソンさんの重要な役割です。「ほとんどの漁師はシャイで無口ですが、会員の多くは漁師との接点を求めています」。ウェブサイトに漁師のプロフィールや船名などを掲載するほか、ニュースレターで漁師の近況などを発信して会員との交流を橋渡しします。

シェフ対象にさばき方講習会

「ニューハンプシャー・コミュニティー水産」では、飲食店版のＣＳＦを「レストラン・サポーティド・フィッシャリー（Restaurant Supported Fishery, RSF）」と名付けて地元で水揚げされた魚介類の普及に取り組んでいます。日本語では「レストラン支援型水産業」になります。仕組みはＣＳＦと同じで、会員になったレストランに毎週、魚介類を提供します。受け渡しのサイズは一般会員向けよりもずっと多い10ポンド（約４・５キロ）からになり、量が増えるほど魚介類の重量単価は安くなります。２０１７年5月時点の飲食店会員は、ポーツマスとその周辺の13店です。

ＲＳＦの狙いは、地場産の新鮮な魚のおいしさをレストランシェフの本格料理で味わってもらい、地域全体の消費拡大につなげることです。飲食店側も新鮮な地場産品を食材に扱う「バイ・ローカル（地産地消）」をアピールできます。「ニューハンプシャー・コミュニティー水産」では、ＲＳＦの会員店のシェフを対象に魚のさばき方や調理方法を教える講習会を定期的に開いています。受講したシェフは技術と知識を飲食店に持ち帰り、スタッフに伝えて接客に生かしてもらいます。もちろんＲＳＦの会員店にはＣＳＦの宣伝もしてもらいます。

アメリカ、カナダのＣＳＦの検索サイト「ローカル・キャッチ・ドット・オルグ」を運営するジョシュア・ストールさんに、アメリカのＣＳＦの今後の見通しを尋ねました。「ＣＳＡやファーマーズマーケットを見ていると、どの地域の住民も地元食材を愛し、コミュニティーへの投資を惜しみません。シーフードが好きな人はまだまだ数多くおり、潜在的な需要があります」と成長を予測します。ストールさんも、「ニューハンプシャー・コミュニティー水産」のゼネラルマネジャーのトムリンソンさんも、日本の食文化をとてもうらやましがっていました。アメリカでＣＳＦ会員を増やすには、食習慣づくりから取り組まなければなりません。その点、日本は既に魚を食べる文化が定着しています。２人とも「日本ならＣＳＦはすぐに広まる」と太鼓判を押します。

「ローカル・キャッチ・ドット・オルグ」の設立は２０１１年で、ウェブサイトの地図からアメリカとカナダにある75漁業者・団体のＣＳＦを検索できます。モデルは、ＣＳＡの検索サイト「ローカルハーベスト」です。「ローカルハーベスト」はＣＳＡやファーマーズマーケットなどの検索サイトとして２００３年に誕生しました。対象エリアはアメリカとカナダで、ウェブサイトに登録するＣＳＡの数は２０１７年の時点で７０００戸を超えます。年間アクセス数は約７００万件にも達します。ＣＳＡ生産者にはイエローページ（電話帳）と同様、必須の広告ツールになっています。「ローカルハーベスト」のウェブサイトでは、それぞれのＣＳＡの運営農場の基本情報を網羅しています。受け渡し期間、受け渡し場所、会費、会員数、運営形態、設立年、連絡先などです。情報は生産者が自分たちで入力、更新します。「ローカルハーベスト」はこの方法で登録者情報を充実させてきました。そのため、このサイトは「草の根リスト」と呼ばれています。検索方法は簡単で、都市名か郵便番号を入力すると、その地域の地図に登録ＣＳＡの場所が表示されます。例えば「イサカ」と入力すると、２０１８年3月の時点で「フルプレート農場集団」や「スイートランド農場」など32件のＣＳＡ情報が表示されました。

農家の7代目がミートCSA

イサカの東隣にあるコートランドで１５０年の歴史を持つ日刊紙「コートランド・スタンダード」が、２０１６年を締めくくる12月31日の１面に選んだのは、ＣＳＡや直接販売で活躍する地元農家のニュースでした。「農場の売り上げ急増」「ニューヨーク州もコートランドも流行に乗る」との見出しで、ＣＳＡやファーマーズマーケットなど地元の直接販売市場の成長ぶりを報じていました。

ラーソンさんの農場のニュースを報じる「コートランド・スタンダード」の１面

紙面に写真付きで登場したピーター・ラーソンさんは、カタログ方式の「ミートＣＳＡ」を手掛ける畜産農家です。地元の小さなファーマーズマーケットから、隣町の「イサカファーマーズマーケット」に進出して売り上げを伸ばしたことが紹介されました。ラーソンさんは１８０４年から続く農家の７代目で、農場名は「ジャスト・ア・ヒュー・エーカーズ農場」です。育てているのは、採卵用と食肉用のニワトリ、七面鳥、豚、牛です。

ラーソンさんが経営の基盤にしようと力を入れているのが、２０１６年秋に始めたカタログ方式のミートＣＳＡです。野菜のＣＳＡのような毎週の受け渡しではなく、欲しい食材を欲しい量だけリクエストできるカタログ通信販売をモチーフにしました。食材は通年提供します。このミートＣＳＡは手軽さが人気を呼び、会員数は当初の15人から1年で60人に増えました。

ミートＣＳＡの入会、食材の受け渡しの流れは、まず、「ジャスト・ア・ヒュー・エーカーズ農場」のウェブサイトからＣＳＡの会員登録を申請します。会員には毎週月曜、その週に提供できる食材リストが電子メールで届きます。会員はリストから欲しい食材を選び、必要な量と受け取り場所を返信します。食材が要らない週はメールを返信しなければＯＫです。受け渡し場所は毎週土曜と日曜に開く「イサカファーマーズマーケット」、木曜のコーネル大学のキャンパスなどです。注文した会員は指定した日に指定した場所で食材を受け取り、代金を支払います。食材は鮮度管理や持ち運びに便利な保冷バッグに入っています。

家畜はストレスを与えない放し飼いで、餌を牧草中心にしています。この肥育方法によって、脂身が少なくヘルシーで歯応えのある肉に仕上がるのだそうです。オーガニックの肥育方法を取り入れていますが、費用面から第三者認証は取得していません。

食材の値段は、鶏肉、豚肉、牛肉ごとに部位によって変わります。鶏肉の場合、１ポンド（約４５０グラム）当たり骨なし胸肉７・５ドル（８２５円）、もも肉４・５ドル（４９５円）、手羽３・５ドル（３８５円）といった具合です。卵は１ダース４・５ドル（４９５円）です。これらはＣＳＡ会員価格で、一般の販売価格よりも１割安くなっ

how our csa works

People have different preferences regarding meat and eggs. Some want chicken breasts, others want strip steaks. Some eat a dozen eggs every week, others eat a dozen every month. For this reason, our CSA resembles a "mobile farm market" available all 12 months of the year. Members benefit because they get first choice of our stock, before it sells (and sells out) at the farmers' markets. They get the products they want delivered to their workplace every week. This minimizes waste and is better for both the CSA member and the farm.

Every week we send an email shopping list with the products we have in stock. CSA members respond with which products they would like, and we deliver them to designated drop-off points later that week. Drop-offs are scheduled near the end of the work day, and we provide reusable insulated bags so members can bring fresh or frozen products home without worrying about spoilage. Payment is due upon pick up. We accept cash, check, and credit cards.

farm products & prices

Pastured Poultry
Eggs $4.50/dozen

whole chickens $4.25/lb
boneless chicken breasts $7.50/lb
bone-in chicken breasts $6.50/lb
chicken legs + thighs $4.50/lb
chicken wings $3.50/lb
chicken soup backs $1.50/lb
chicken livers $5/lb
chicken feet $3/lb

whole turkeys & turkey cuts
(available each fall)

Forest Edge Pork
ground pork $5/lb
breakfast sausage $6.50/lb
sweet sausage $6.50/lb
hot sausage $6.50/lb
pork chops $7/lb
pork steaks $7/lb
smoked ham steaks $7/lb
smoked hams $7/lb
spare ribs $6/lb
tenderloins $10/lb
butt roasts $6.50/lb
loin roasts $6.50/lb
smoked bacon $8/lb

100% Grass Fed Dexter Beef
steakburger $6/lb
top round steaks $9/lb
chuck eye steaks $10/lb
sirloin steaks $11/lb
petit tenders $12/lb
ny strip steaks $14/lb
flat iron steaks $14/lb
rib steaks $15/lb
filet mignon $18/lb
short ribs $5/lb
sirloin tip roasts $7/lb
briskets $8/lb
soup bones $3.50/lb

Just a Few Acres Farm, LLC
Peter and Hilarie Larson
604 Van Ostrand Road
Groton, NY 13073
(607) 279-6772
justafewacres.com
peterelarson3@gmail.com

check out our website justafewacres.com
for more details on our farm's philosophy,
practices, and products

カタログ方式のミートＣＳＡのメニューリスト

ています。地元スーパーのオーガニックの食肉や鶏卵と比較すると、ミートＣＳＡ会員はスーパーの価格よりも２割ぐらい安く食材を手に入れられます。

買い物客との会話からアイデア

ラーソンさんが家業を継いだのは２０１２年でした。安定収入につながる野菜のＣＳＡの手法を参考に、当初は野菜と同じように毎月決まった食材を提供するミートＣＳＡを始めました。最も量の少ない２人向けがニワトリ１羽と卵２ダースを毎月、七面鳥１羽を11月にある祝日の「感謝祭」用に提供するセットでした。年会費は前払いで３６０ドル（３万９６００円）にしました。１カ月当たり30ドル（３３００円）です。ラーソンさんはミートＣＳＡを熱心に売り込みましたが、一向に会員は増えませんでした。

ファーマーズマーケットを訪れる買い物客にミートＣＳＡの説明を続けているうちに、会員が増えない理由が分かってきました。野菜のＣＳＡは毎週10種程度の野菜を受け取りますが、ミートＣＳＡはニワトリが毎月１羽です。10種類の中に苦手な野菜が一つ入っていても、さほど抵抗はないですが、食べたくない時にニワトリを丸ごと１羽受け取るとなると消費者はちょっと構えてしまうそうです。苦手な野菜一つなら１ドル程度ですが、ニワトリ１羽はおよそ20ドル（２２００円）。この差が消費者に二の足を踏ませるようでした。

野菜のＣＳＡと比べて食材の種類が少ないのもネックだったようです。野菜のＣＳＡは週替わりで10種程度の野菜がセットになっている一方、ミートＣＳＡは毎月のニワトリ1羽と卵2ダース、11月の感謝祭の七面鳥1羽です。野菜に比べて肉や卵の単価が高いのは仕方のないことですが、食材の多様さでミートＣＳＡは見劣りしてしまいます。イサカにはラーソンさんを含め3戸の畜産農家がミートＣＳＡを運営していますが、どこも会員の獲得に苦戦していました。消費者の抵抗感を減らす方法はないか。ファーマーズマーケットの買い物客らと話していて思い付いたのが、欲しい食材を欲しい量だけ注文できるカタログ通販方式のミートＣＳＡでした。

ラーソンさんは、このＣＳＡの問題点も理解していました。受け渡し時に代金を受け取るので、農家は肥育費用を自前で用意しなければなりません。前払いが主流の野菜のＣＳＡは、会費を原資に種や資材を調達することができます。でも、カタログ方式のミートＣＳＡはそれができません。

ニワトリは出荷まで2カ月弱、豚は6カ月、肉牛になると2年もの肥育期間が必要です。万が一、疫病などで家畜が死んでしまうと、生産者が全損失を負わなければなりません。ニワトリや七面鳥は日本と同様に、鳥インフルエンザの不安が付きまといます。２０１５年には、ミネソタ州で鳥インフルエンザが発生し、ラーソンさんも七面鳥のひな鳥をなかなか入手できず苦労しました。「カタログ方式のＣＳＡを軌道に乗せるのが先ですが、将来的には肥育時の生産者リスクを軽減できる形のＣＳＡに発展させたいです」と、新たな方策を模索しています。

高収入の建築家を辞めて就農

「ジャスト・ア・ヒュー・エーカーズ農場」は日本語で、「とっても小さな農場」という意味です。農地面積は45エーカー（約18ヘクタール）です。アメリカの農場の平均面積は434エーカー（約174ヘクタール）なので、全国平均の10分の1の名前通りの「とっても小さな農場」です。

でも、ラーソンさんはこの小さな農場に誇りを持っています。1776年のアメリカ独立宣言の28年後に先祖が農地を開拓し、代々守り継がれてきたのです。トラクターなど農機具の発達や化学肥料の普及など生産者を農地拡大に向かわせる技術革新がありました。でも、そのブームと一線を画して農地を守り農業を続けてきた証しが、この45エーカーの小さな農場だからです。

「直接販売は小規模農場が生計を立てる唯一の方法」とラーソンさんは言い切ります。薄利多売の大規模農場と競わずに、「小さな農業」で持続経営するには流通業者や小売業者への支出を減らし、安定的に収入を確保する必要があります。直接販売は生産者と消費者が顔を合わせます。お互い会う機会が増えれば顔なじみになり、会話も増え、商品とお金のやりとり以上の付き合いになります。カタログ方式のCSAのアイデアが生まれたのも消費者との会話からでした。

かつて農場は、食に直結する生活に欠かせない地域コミュニティーの拠点でした。農場の大規模化、商業化が進むにつれて、地元への食材の供給が減り、農家と地域とのつながりが消えてしまいました。「昔のようなコミュニティーの拠点になる農場を取り戻したい」。ラーソンさんは消費者との信頼関係を築き、地域のつながりをより豊かにするには、CSAや直接販売が最適な方法だと考えています。

農場を継ぐまでラーソンさんは、20年にわたり建築の仕事をしていました。学校や大学の施設を中心に環境に配慮した長寿命のいわゆるエコ物件の設計、建築を手掛けていました。夜明け前に自宅を出て深夜に帰宅するバリバリの建築士でした。

でも、建築業の構造的な矛盾に気付き、仕事への罪悪感が強くなりました。「環境に配慮した最先端の建物を造るには新たに資材が必要になります。真新しい施設ができるたび、まだ使える建物が廃墟に変わってしまいます」。ラーソンさんが最後に手掛けたのは小学校でした。環境負荷を減らした建物自体は胸を張れる仕上がりでした。でも、そのそばに、間もなく使われなくなる校舎がありました。まだまだ使える立派な建物でした。やるせない気持ちになり、今が潮時と感じたそうです。

7代続く農場の豚舎を見回るラーソンさん

農場を継いで収入は5分の1に減りました。でも、建築の仕事をしていた時には味わうことのできなかった家族との時間や地域の人たちとのつながりは、「お金では買えない貴重な財産」と満足そうに話します。

ラーソンさんは「ジャスト・ア・ヒュー・エーカーズ農場」がイサカ近隣にあったことを幸運に感じています。イサカにはCSAやコミュニティーを大切にする文化が地域に根付いており、ラーソンさんが思い描く、食を通じた農場と地域コミュニティーの再生に共感する人が数多くいました。「もし、農場が違う場所にあったら、私の思いを理解してもらうまでに想像もできないほど苦労したでしょう」と地域の人たちに感謝します。

ニッチなメープルシロップCSA

メープルシロップといえばカナダが有名です。世界の生産量のおよそ8割を占め、国旗には原料の樹液を採取するサトウカエデの葉が描かれています。でも、1930年ごろまではアメリカが世界一のメープルシロップ生産国でした。イサカのあるアメリカ北東部は、その主産地でした。カナダとの販売競争やメープルの香りを付けた低価格のコーンシロップの普及などによって、アメリカのメープルシロップ産業は衰退したそうです。しかし近年、地域の貴重な食文化、健康食品として再評価する動きが広がり、生産者数、生産量とも緩やかに回復しています。

農務省の「2012年農業センサス」によると、メープルシロップ生産者数は5年前から140人増えて約8260人になりました。生産量も2007年の約1・5倍の約230万ガロン（約870万リットル）に増えました。パンケーキやワッフルなどに塗るスタンダードな食べ方のほか、コーヒーや紅茶のシロップとしての需要が伸びています。

イサカでメープルシロップCSAを運営するジョシュア・ドーランさんは、2008年に就農しました。親類からイサカ郊外のサトウカエデ林約8ヘクタールを借りて生産を始めました。年間生産量は100ガロン（約379リットル）ほどです。アメリカのメープルシロップ1農家当たりの平均生産量は約280ガロン（約1060リットル）なので、ドーランさんは小規模生産者に当たります。

CSAは就農時から取り入れています。メープルシロップの生産を続けるには地元の消費者に買い支えてもらえて、直接販売で収益を上げられるCSAが有効と考えたからでした。会費の前払いも魅力でした。シーズン前に必要な資材代を会費で賄えるので、金融機関から借り入れせずに済みます。2017年の会員数は20人ほど。メープルシロップに郷愁を感じるミドル世代の女性の割合が高いそうです。販路はCSAが約3割で、残りは地元のコーヒーショップなど飲食店です。

会員への受け渡しは春の1回のみです。サイズは1ガロン（約3・8リットル）、2分の1ガロン（約1・9リットル）、4分の1ガロン（約0・9リットル）の3種です。会費は量の多い順に80ドル（8800円）、40ドル（4400円）、20ドル（2200円）です。会員の募集は10月から。入会はドーランさんのメープルシロップのブランド「サップスカッチ」のウェブサイトから手続きします。希望サイズを注文してクレジットカードで会費を前払いします。

「サップスカッチ」は、樹液の意味の「サップ」と、アメリカ先住民の言い伝えに登場する毛むくじゃらの大男「サスカッチ」を組み合わせたドーランさんオリジナルの造語です。ドーランさんはとても立派なあごひげを蓄え、森の中を軽快に歩き回ります。その姿を見てブランド名に合点がいきました。

ドーランさんの本業は学校などのコミュニティーガーデンの指導員です。農外収入の方が多いので日本でいうところの「第2種兼業農家」に当たります。シロップ作りのシーズンは本業が忙しくない1月から3月です。このおかげで、バランス良く農作業に従事できるそうです。

サトウカエデの木々にホースを取り付けるドーランさん

メープルシロップ作りはとてもハードです。シーズン前の12月から、サトウカエデの幹に穴を開けて樹液を流すホースを差し込む作業を始めます。樹液を煮詰めるために必要なまきも事前に森を回って集めます。樹液の採取は、糖度の高くなる1月からの3カ月限定です。シーズンに入ると、樹液がホースを伝って大きなタンクに集まります。採取したばかりの樹液は無色透明でほのかに甘みを感じる程度ですが、専用の大きなストーブで約40倍の濃度になるまで煮詰めると濃厚な甘さになります。つまり、1リットルのメープルシロップを作るには40リットルの樹液が必要になるのです。シーズン前半は透明度が高く高品質のシロップができます。後半はあめ色で独特の風味が強くなります。

繁忙期には夜を徹してストーブの火を管理します。ほとんどの作業はドーランさん1人で行いますが、徹夜でシロップを煮詰める時だけ親類にストーブの見守りをお願いして数時間の仮眠を取ります。

食文化守る取り組みを地域でサポート

ドーランさんがメープルシロップ作りを始めたきっかけは、幼少期の雪深い森の中での体験でした。ストーブにまきをくべてシロップを煮詰めていた祖父母の姿を、雪遊びをしながら眺めていたそうです。その光景は、メープルシロップの甘い香りとともにドーランさんの記憶に焼き付いていました。

メープルシロップの収益は毎年5000ドル（55万円）程度で、作業時間や労力に見合う金額ではありません。それでも、静かな森の中で過ごす時間や、地域の食文化を子どもたちの世代に残すことにやりがいを感じています。ドーランさんはシロップ作りを「大きな趣味」と語り、森の中で過ごす時間を楽しみます。2017年3月に私がサトウカエデ林を訪れた時は、娘のリオナちゃんを連れて来ていました。リオナちゃんは、子どもの頃のドーランさんと同じように、そり滑りや雪遊びを楽しんでいました。

国内生産量が回復基調にあるとはいえ、イサカのメープルシロップ生産者はわずか6人です。サトウカエデの樹液の量は昼夜の寒暖差と密接に絡むので、地球温暖化が進めば樹液が採れなくなる可能性もあります。「農業界のホッキョクグマ」。ドーランさんは、担い手不足と地球温暖化に直面するメープルシロップ生産者は、ホッキョクグマと同様に「絶滅の危機」にあると訴えます。

アメリカではメープルシロップのようなニッチな嗜好《しこう》品にもＣＳＡが浸透しています。ドーランさんは地域の食文化を残し、貴重な森林資源を次世代に引き継ごうと、メープルシロップ作りを始めました。本業ではなく副業として取り組んだこと、ＣＳＡの経営手法を用いて地域の賛同者を集め、借金せずに生産を続けていることがポイントです。

日本でも消滅の危機にある伝統野菜と地域の食文化を守る取り組みが各地で活発です。中山間地では兼業農家が採算度外視でコメを作り続け、棚田など山里の農地と景観を守っています。伝統野菜の栽培も中山間地のコメ作りも生産者を支えるＣＳＡがあれば、ドーランさんのような人たちが副業として安心して取り組めると思います。

イサカ周辺には、メープルシロップ以外の嗜好品にも、ＣＳＡが取り入れられています。ワインを生産するワイナリーは、「ワインクラブ」という名前でワインを会員に直接販売します。ワインクラブは会費制で年数回、ワインセットが店頭価格より割安で入手できます。ワイナリーでは会員割引でワインを買うこともできます。イサカ周辺には、「フィンガーレイクス」と呼ばれる指のように細長い11の湖が連なっています。湖岸の丘陵地はブドウ栽培がさかんで、１００戸を超えるワイナリーがあります。各店とも「バイ・ローカル（地産地消）」を前面に出し、ワイン版ＣＳＡのワインクラブ会員集めに力を入れています。

ワイナリーを巡るツアーもさかんです。「フィンガーレイクス」はニューヨーカーの避暑地で、夏に多くの観光客が訪れます。ボートやバスでワイナリーを巡るツアーがあり、ワインの「はしご酒」が楽しめます。ワイナリーにとってこのツアーは、ファン獲得のビジネスチャンスになっています。

地ビールのCSAもあります。会員は毎月、醸造したての地ビールセットを定価よりも安く受け取れるほか、醸造所では地ビールを割引価格で飲んだり買ったりできます。

「フィンガーレイクス」沿いに広がるぶどう畑

日本にも実は多いCSA生産者

日本では「CSA」という言葉自体なじみが薄く、農業に携わる人にもあまり知られていません。アメリカのように政府がCSA生産者を調査した記録もありません。しかし、東北はじめ日本の生産現場を歩くと、CSAの経営手法を実践している生産者が意外と多いことに気付きます。

仙台市西部の秋保《あきう》地区でオーガニック野菜を栽培する「くまっこ農園」の渡辺重貴さんは、「自分はCSA生産者に当てはまらない」と考えていた1人です。非農家出身で2006年に就農しました。１・５ヘクタールの畑で約80種の野菜を作ります。オーガニックの第三者認証は費用がかさむことなどから取得していません。仙台エリアの約60人に箱詰め野菜セットを毎週または隔週で配送します。サイズは８種野菜の小セット１５５０円と、11種の中セット２０６０円があります。生協や飲食店への出荷や農産物直売所での販売もします。箱詰め野菜セットを翌年も継続して購入する消費者は９割を超えており、この収入が農園の安定した経営基盤となっています。

「くまっこ農園」の渡辺さん（左）と農業研修生

渡辺さんは、会費の前払いや天候不良などによるリスクを会員と共有するのがＣＳＡの条件と考えていました。「以前、料金の前払いをやってみましたが、お客さんは農場の経営を考えてくれるほどの理解を得られなかったのでやめました」。渡辺さんは消費者とのつながりを特に重視しており、農場での交流会や農業体験会を精力的に開きます。秋には、毎週のように農場で芋煮会を開き、消費者に野菜作りの現場を見て、知ってもらっています。

兵庫県丹波市の「井上農園」は、兵庫県と大阪府、東京都の会員に箱詰め野菜セットを提供する生産者です。経営する井上陽平さんは、１９７０年ごろの消費者運動から生まれた「産消提携」の実践農家での実習を経て１９９９年に就農しました。

畑０・８ヘクタールと水田０・２ヘクタールのオーガニックＪＡ

S認証を取得して、約60種の野菜とコシヒカリを栽培しています。箱詰め野菜セットは約50人に提供します。受け渡しは毎週、隔週、月1回の3コースがあります。代金は関西圏への送料込みで8種から10種の野菜セットが2600円、6種から7種のミニセットが2000円、標準セットの1・5倍以上のボリュームの大セットが3600円です。野菜の提供は11カ月間で春の端境期の4月に1カ月休みます。このほか飲食店や青果店、生協などにも出荷します。

井上さんは、CSAとも産消提携とも名乗らずに箱詰め野菜セットを提供しています。消費者にCSAや産消提携を理解してもらいたいと思うそうですが、仕組みの説明よりも自分の野菜のファンを増やすことの方が重要だと考えています。「井上農園」のウェブサイトも写真中心のシンプルなデザインになっています。

「井上農園」では2016年、兵庫県西宮市でフランス料理教室やケータリングサービスを展開する会社「タープブルドール」に、米粉麺用のコシヒカリの予約販売を始めました。きっかけは地元を拠点とする農林水産省6次産業化プランナーの紹介でした。コメの量は米粉麺800食分で、「タープブルドール」では米粉麺の料理教室を開いて、調理方法やレシピを生徒に教えています。生徒たちへの野菜販売も始まり、「タープブルドール」が「井上農園」と都市部の消費者をつなぐ心強いパートナーになっています。

ニューヨークと福島で誕生

福島県二本松市のＮＰＯ法人「がんばろう福島、農業者等の会」は月１回、東京や京都などの企業オフィスに果物や野菜を会員数分まとめて配送します。この取り組みはニューヨークのマンハッタンで人気の「職場ＣＳＡ」と同じです。ニューヨークでは２０１０年に職場ＣＳＡがスタートしましたが、その翌年に日本では福島のＮＰＯ法人が職場ＣＳＡを始めました。代表の齊藤登さんは、都市と生産地を直接つなぎ、生産者が安定収入を得られて、消費者が安価でおいしい野菜を手に入れられるウィンウィンの仕組みとして提供を始めたところ、オフィス勤めの人たちにとても好評でした。アメリカから帰国した２０１７年秋に齊藤さんから話を聞き、私は「日本にも職場ＣＳＡがあった」と思わず興奮してしまいました。でも、当の齊藤さんはＣＳＡという名称も仕組みも知りませんでした。「日本人もアメリカ人も考えることは同じだね」と言う齊藤さんの感想が印象的でした。職場ＣＳＡの仕組みは、第４章で詳しく紹介します。

「うちの果樹園はＣＳＡと一緒ですよ」。宮城県亘理《わたり》町でリンゴを栽培する「結城果樹園」の３代目の結城翔太さんは、予約制の直接販売でリンゴを売る果樹園の経営とＣＳＡの共通点を教えてくれました。結城さんはアメリカで農業研修を受けた経験があり、生産者と消費者が直接つながるＣＳＡを見て、実家の果樹園に似ていると感じたそうです。

直接販売に力を入れ始めたのは、結城さんの父親の喜和さんでした。温暖な気候の亘理町は雪の心配が少ないので、リンゴが樹上で完熟するまで収穫を待つことができます。日持ちを重視する市場経由のリンゴよりも糖度が高く、蜜を多く含んだリンゴに成長します。しかし宮城県は果樹王国の山形県と福島県に挟まれる条件不利地で、供給量が重視される市場では生産組織もない亘理町産リンゴは見向きもされませんでした。「完熟リンゴは味で勝負できる」。亘理のリンゴの強みを生かすのは消費者と距離の近い直接販売しかないと、喜和さんはかじを切りました。

当初は、なかなか固定客が増えず苦労したそうです。喜和さんは1人でも多くファンをつくろうと、20キロ以上離れた仙台市内にも、リンゴ1箱の注文から車を走らせて届けました。「時間と労力を考えたら割に合わないけれど、翌年、そのお客さんが他のお客さんを連れて来るかもしれない。そう考えて届けました」。実際、「結城果樹園」の評判は口コミで広がり、売り上げが2倍、4倍と増えていったそうです。今は、毎年秋に予約待ちが出るほどファンを獲得しています。

「くまっこ農園」、「井上農園」、「がんばろう福島、農業者等の会」、「結城果樹園」の販売手法は、エリザベス・ヘンダーソンさんが説くところの、

①持続的な農場経営を支える仕組み

②新鮮で高品質の食材を農家から直接手に入れられる

というCSAの2条件に合致します。アメリカではCSAのルーツが、日本の消費者運動の「産消提携」にあると考える人もいます。CSAと名乗っていなかったり、CSAを知らなかったりして実践している生産者は、日本の各地に結構いるはずです。

非農家出身夫婦がCSA

「つくば飯野農園」のジャガイモ畑で草取りの手伝いを終えたCSA会員

日本にはもちろん、CSAと名乗って運営している生産者もいます。茨城県つくば市の「つくば飯野農園」は、非農家出身の飯野信行さんと妻の恵理さんが2015年に始めたオーガニック野菜のCSAです。費用面などからオーガニックの第三者認証は取得していません。農地面積は0・6ヘクタールで、会員はつくば市の子育て世代に加え、2018年に東京・青山のカフェに受け渡し会場を開設して都内の会員への配送を始めました。

CSAは春夏と秋冬の2期に分け、16週ずつ野菜を提供します。16週の毎週受け渡しコースの会費は2万円、隔週コースは毎週コースよりも野菜を増量して1万5000円です。毎週コースは週当たりの会費が1250円、隔週コースは1875円になります。２０１７年の春夏は40人が会員になりました。

飯野さん夫婦とは２０１６年5月に神奈川県であった「ＣＳＡ研究会」の会合で知り合いました。ＣＳＡ研究会は、学識経験者や生産者らでつくる団体で、生産者の実践例や研究者の調査を基に情報交換する勉強会を開いています。この日の会合で、研究者が「なぜ日本でＣＳＡが普及しないのか」を議論していた時でした。「普及しない理由は簡単です。みんなＣＳＡを知らないからです。こっちは今日、明日の生活が懸かっています。ＣＳＡが広まらない理由を考えるよりも、広める努力をしてください」。恵理さんの発言に私は思わず膝を打ちました。

実際、飯野さん夫婦はＣＳＡを消費者に知ってもらう活動に熱心に取り組んでいます。忙しい農作業の合間に自分たちで勉強会を開いたり、大学生の研修を受け入れたりしています。東京・青山のカフェも勉強会をきっかけに受け渡し場所開設の話が進みました。

理念先行がＣＳＡ普及の壁に

イサカがアメリカ屈指のＣＳＡ普及地域に成長した背景には、ＣＳＡのコンセプトが住民に浸透していたことがあります。ＣＳＡの生産者や運営者にイサカを選んだ理由を尋ねると、「消費者が既にＣＳＡを理解している」との回答が多く聞かれました。新規就農者は栽培技術も経営も安定しないので、日々の仕事に追われて消費者教育までとても手が回りません。その点、ＣＳＡの仕組みやメリットを既に住民が理解していれば、わざわざ時間や労力を消費者教育にかける必要がありません。イサカはＣＳＡを始める新規就農者に選ばれやすい地域となり、ＣＳＡの供給量と会員数が相乗的に増えていったのです。

パンのＣＳＡを始めたステファン・センダースさんが、パン工房をイサカに開いたのも地域の人たちがＣＳＡを既に知っていたからでした。「もし日本でＣＳＡを始める農家が消費者教育から始めるなら、膨大な費用と時間が必要になるだろう」と、センダースさんは推測します。

日本では生産者と消費者のリスク共有や会費の前払いなど理念の話が先行して、ＣＳＡのハードルが高くなりがちです。その結果、ＣＳＡを実践する生産者も関心を示す消費者もなかなか増えないのではないでしょうか。ヘンダーソンさんがＣＳＡについて示したのは、シンプルな2条件でした。ＣＳＡには完熟した新鮮なオーガニック野菜をスーパーよりも割安で受け取れるなど数多くの消費者メリットがあります。まずはこれらのメリットを、多くの人に知ってもらうことを優先すべきです。

「つくば飯野農園」のウェブサイトには、ＣＳＡのメリットや運営ポイントを細かく記したレポート「経営モデルとしてのＣＳＡ（地域支援型農業）」がアップしてあります。このレポートはこれからＣＳＡを始めたいと考えている生産者、ＣＳＡに興味のある消費者に、ぜひ読んでもらいたいお薦めの資料です。「つくば飯野農園」は、農林水産省の「２０１７年度版 農業白書」に地産地消に取り組むモデル農家として紹介されました。

神奈川県大和市の「なないろ畑農場」は２００６年にオーガニック野菜のＣＳＡを始めた古株です。運営方式は農業生産法人で、農地面積は２・８ヘクタールです。会員は地元を中心に約80人。受け渡しは通年で週1回あり、計50回になります。会員は毎週、大和市の中央林間駅の近くにある出荷場に袋詰めされた野菜を取りに行きます。近隣住民は戸別有料配送も利用できます。

「なないろ畑農場」のＣＳＡの特徴は、野菜の量の多さです。２０１７年8月のある週は、トマトやエダマメなど10種でＭサイズが約10キロ、Ｓサイズが約7キロもありました。年会費は前払い制で、Ｍサイズが14万２５６０円、Ｓサイズが10万３６８０円。週当たりＭサイズは約２８５０円、Ｓサイズは約２０７０円になります。自宅への配送料は距離によって変わり、月額１２９６円から２１６０円です。

野菜の値段の安さは折り紙付きのようで、ＣＳＡを運営する片柳義春さんは、「以前、スーパーの敷地を借りて野菜を売っていたら、『売れなくなるからやめてほしい』と言われました。スーパーの野菜よりも相当安かったらしいです」とエピソードを語ります。

「なないろ畑農場」の出荷場で野菜の袋詰め作業に汗を流すボランティア会員ら

農作業や袋詰め作業などに参加するボランティア会員が多いのも、「なないろ畑農場」の特徴です。常に5、6人が作業を手伝いに来るそうです。ボランティア会員が集まる農場や出荷場は、地域コミュニティーの拠点としての役割も果たしています。

「東北食べる通信」からCSA

第1章で紹介した宮城県大崎市のNPO法人「鳴子の米プロジェクト」は、「ゆきむすび」という産地銘柄米を提供するコメのCSAを運営しています。CSAは２００６年に始め、栽培農家は24人、会員は９００人を超えます。受け渡しは年1回で、春に田植え、秋に稲刈りの交流会を開きます。２０１７年秋の稲刈り交流会には１００人近くの会員が現場を訪れて、生産者とともに、「ゆきむすび」を刈り取って、くい掛けしました。

２０１７年の会費は、くい掛けの白米が5キロ２８００円、10キロ５６００円、25キロ1万４０００円。コンバイン収穫の白米は各サイズとも、くい掛けよりも5キロ当たり４００円安くなります。２０１８年にはコメのCSAで築いた会員とのつながりを生かして、季節の野菜と伝統野菜の加工品をセットにしたCSAの運営に向けて準備を始めました。

「鳴子の米プロジェクト」では、「ゆきむすび」のおむすびを提供する飲食店「むすびや」を地元で運営しています。地域の旅館やイベントへのおむすびのケータリングも始めました。地元産のコメと食材を提供するおむすび店は、第3章のパンのCSAで取り上げた生産、加工、消費を地元で賄う地域内循環の実践モデルといえます。

東日本大震災の2年後の2013年、岩手県花巻市のNPO法人「東北開墾」が食べ物付き月刊誌「東北食べる通信」を創刊しました。東北の被災地の1次産業支援を目的に、情熱を持って食べ物作りに励む農家や漁師の記事と、手掛けた食材をセットにして読者に提供するユニークな情報誌です。「東北食べる通信」は、読者と農家・漁師の関係づくりのゴールにCSAを掲げました。編集長の高橋博之さんは、「東北食べる通信」を「農家・漁師と消費者をつなぐお見合いの場」に例え、掲載した中から「これは」と思う農家・漁師のCSA会員になって、息の長い関係を築いてほしいと読者に呼び掛けます。2017年末までに、7人の農漁業者がCSAを立ち上げ、会員数は計300人に上ります。

宮城県石巻市でカキを養殖する阿部貴俊さんは、「東北食べる通信」の創刊号で紹介され、漁業版のCSAに当たるCSF（コミュニティー支援型水産業）を始めました。阿部さんは20年余り勤めた会社を2012年に辞め、父親のカキ養殖を手伝い始めました。きっかけは東日本大震災から1年半後の故郷の浜の光景でした。作業小屋は破損したままで、復興どころか復旧も進んでいませんでした。「このままでは故郷がなくなる」。危機感を抱き、石巻市に戻ることを決めました。

CSF会員は約70人おり、受け渡しは年2回、宅配便で戸別配送します。提供するカキは抱卵直前の春に水揚げする「完熟ガキ」。冬場のカキよりもうま味成分が増し、クリーミーになるそうです。ムール貝やナマコなど旬のシーフードも一緒に届けます。年会費は1万2000円です。会員が石巻市の阿部さんを訪ねて漁を体験するツアーや、阿部さんが東京にカキを持ち込み、会員と酒を酌み交わす交流会を開いています。

宮城県石巻市を訪れ、阿部貴俊さんの仕事を手伝うＣＳＦ会員

第4章　なるほどCSAの応用術

アメリカではCSAからさまざまなサービスが派生しています。オフィスまで野菜を届ける「職場CSA」、冬にハウス栽培の野菜を提供する「ウインターCSA」、会費が無料になる「ワークシェア会員」など、いずれも消費者と生産者の双方にメリットのあるウィンウィンの取り組みです。第4章ではアメリカのCSAの多彩なサービスに焦点を当てます。

職場CSA、マンハッタンで拡大

ビジネス最先端の街ニューヨークでは、オフィスに野菜を届ける「職場CSA」が人気を呼んでいます。CSAの受け渡し会場がオフィスから遠かったり、仕事が忙しくて買い物する時間がなかったりする都市部の会社員にはうれしいサービスです。「野菜中心の食生活が社員の健康維持につながる」と福利厚生にCSAを導入する企業が増えています。地域の生産者を買い支えることが「企業のイメージアップにつながる」との狙いもあります。生産者も一度に大勢のCSA会員を獲得できるメリットがあります。

「キャッチキー農場」は2010年にニューヨークで職場CSAを始めたパイオニアです。ニューヨークの北約130マイル（約210キロ）の農村地帯にある農地面積60エーカー（約24ヘクタール）の小規模農場です。オーガニック野菜を使ったケータリング事業をニューヨークで展開する会社「グレートパフォーマンシズ」が2006年に農場の運営を始めました。

その頃、ニューヨークにCSAは普及していましたが、野菜の受け渡し会場が住宅エリアの教会やコミュニティーセンターなどで、会社勤めの人たちには不便でした。「グレートパフォーマンシズ」の最高経営責任者エリザベス・ノイマルクさんは、ここにビジネスチャンスを感じ取り、付き合いのある企業に声を掛けて職場CSAを始めました。

オフィスに居ながら新鮮な野菜を受け取れる便利さが評判となり、「キャッチキー農場」の職場ＣＳＡは順調に会員を増やします。２０１７年は、35企業・団体で合わせて約８３０人の会員に野菜を提供するまで成長しました。取引先はソニー・ミュージックエンタテインメントや大手ネットワーク会社、マンハッタン美術館といった有名どころもありますし、トレンドの発信地として知られるソーホー地区のおしゃれなカフェにも届けます。

仕事帰りのニューヨーカーが野菜を受け取りに来るブロードウェーの劇場

「キャッチキー農場」の職場ＣＳＡは、野菜を手提げバッグに入れて会員に渡すボックススタイルです。都市部の移動手段は地下鉄やバスが多いので、段ボールの箱詰めよりも手提げバッグの方が断然便利です。都会では、野菜のケースを並べて会員に好きな野菜を選んでもらうマーケットスタイルのＣＳＡができる広い受け渡し会場がなかなか確保できません。あらかじめ袋詰めしておくボックススタイルなら広い場所は必要ありません。受け渡し時間の短縮にもなり、会場を汚す心配もありません。

配送先への受け渡しはトラックの運送ルートによって木曜か金曜になります。職場ＣＳＡは会員を社員に限定するケースが多いですが、受け渡し会場をコミュニティーづくりの場にしようと地域住民に開放する企業や団体もあります。ブロードウェーにある

「シグニチャー劇場」は開放型の受け渡し会場で、会員の4分の3が地域住民です。上の階からは劇場スタッフが、劇場正面からは仕事帰りの会社員らが野菜を受け取りに来ました。世界のエンタテインメントの中心地であるブロードウェーの劇場で、CSAの野菜が配られている光景はとても斬新でした。

「キャッチキー農場」の職場CSAの期間は6月初めから11月初めまでの22週。サイズは約10種の野菜が入る4人向けと、7種前後の2人向けです。会費は4人向けが638ドル（7万1800円）で週当たり29ドル（3190円）、2人向けが385ドル（4万2350円）で週当たり17・5ドル（1925円）になります。CSAの会計ソフトを販売する「スモールファーム・セントラル」の顧客生産者のCSA会費平均額は週当たり25ドル（2750円）です。世界一物価の高いニューヨークだけにCSA会費もやや割高です。

「キャッチキー農場」では、4人向け、2人向けサイズとも隔週コースがあり、会費はどちらも毎週コースの半額になります。ニューヨークは単身や2人暮らしの割合が高く、必要とする野菜の量はファミリー世帯ほど多くありません。「シグニチャー劇場」で野菜を受け取る会員も7割は2人向けサイズです。会費は事前払いで、「キャッチキー農場」のウェブサイトに登録してクレジットカードで払います。

企業側の調整役と連携

職場ＣＳＡは、パートナーとなる企業側で農場との調整の窓口となる担当者の存在が欠かせません。「キャッチキー農場」のＣＳＡ担当ステファニー・ゼイツさんは、「職場ＣＳＡで一番大切なポイントは調整担当者との関係づくり」と強調します。過去に調整担当者が退職した後、後任が見つからずＣＳＡを続けられなかったケースがありました。

職場ＣＳＡはスタートまでに企業側で準備しなければならないことがいくつかあります。まず、社内で職場ＣＳＡの会員を募集します。一定の会員が集まらなければ、輸送時間やコストの問題から農場に配送を断られる可能性があります。「キャッチキー農場」は、20人を配送の最少人数に設定しています。会員が集まらない企業には、自転車で野菜を配送するメッセンジャー代行を提案します。会費に配送料１１０ドル（１万２１００円）が上乗せになりますが、配送料を負担しても入会する会社もあるそうです。

次にやらなければならないのは、会社から職場ＣＳＡを始める許可を取ることです。福利厚生担当の部署に掛け合い、新鮮で安全な野菜を食べることが社員の健康増進につながるなどＣＳＡの意義を説明します。ＣＳＡの野菜を届けるトラックが荷降ろし場を利用できるよう、ビル管理会社から許可も取らなければいけません。社員が野菜を受け取る会場も決めておきます。会社の会議室、食堂、広めの通路、給湯室などが一般的です。

受け渡し会場は企業側で運営します。受け取り担当者が、農場のトラックから到着予定時間の連絡を受けてから準備は始まります。数人の同僚に伝えて、荷降ろし場で野菜を受け取り会場に運びます。会員は、入り口の名簿に署名して野菜を持ち帰ります。受け渡し時間は長くとも2時間程度にとどめるのがよいでしょう。

会員は必ず時間内に食材を受け取り、置きっ放しにせず当日中に持ち帰ります。夏場は野菜が傷みやすいので特に注意が必要です。会員が野菜を受け取りに来ないケースもあるので、その週の担当者が持ち帰るなど残った野菜をどうするのか対応を決めておく必要もあります。

農場単独よりも低いハードル

職場CSAを運営する「キャッチキー農場」では、野菜を月曜から水曜に収穫します。日持ちする野菜を早めに収穫して冷蔵保管し、水曜に野菜を手提げバッグに詰めます。野菜を配送する木曜と金曜の2日間は、農場の運転手がトラックを走らせてマンハッタンでCSA担当のゼイツさんと合流します。受け渡し先のオフィスがある各ビルには2人で配送します。荷降ろし後のビル内の運搬は、セキュリティーチェックの煩雑なビルが多いので企業側の担当者に任せます。渋滞に遭い、到着時間が予定より大幅に遅れる場合は、早めに企業の担当者に連絡して到着が遅れる旨を伝えておきます。

職場ＣＳＡは、企業側の職員が生産者に代わって会員に野菜を配るので、生産者と会員の関係が薄くなりがちです。会員との関係づくりは重要な課題で、ゼイツさんも「２年目に会員が３分の１に減ったオフィスがあったけれど、会員が職場ＣＳＡをやめた理由は分かりませんでした」とコミュニケーションに頭を悩ませます。そのため「キャッチキー農場」では、収穫体験会などを定期的に開いて会員との関係づくりを心掛けています。

ニューヨークにＣＳＡを普及させたＮＰＯ法人「ジャストフード」は、職場ＣＳＡを活用してオフィス街と農場をつなぐことに力を注いでいます。私が職場ＣＳＡを知ったのは「ジャストフード」のウェブサイトでした。一目見て、日本の都市部で働く人たちのライフスタイルに合うと直感しました。マンハッタンの「ジャストフード」の事務所で、ＣＳＡマネジャーのエミリー・ミヤウチさんに話を聞き、その思いを強くしました。ニューヨークでＣＳＡを始める時に最も苦労するのが受け渡し場所と会員の確保です。職場ＣＳＡは企業がこれら二つのポイントをあらかじめクリアした上でスタートします。ミヤウチさんも、「職場ＣＳＡは農場が単独でＣＳＡを始めるよりもずっとハードルは低いで

210キロ離れた農場から届いた職場ＣＳＡの野菜を降ろすゼイツさん（右）

す」と解説します。

「ジャストフード」では、ＣＳＡ農場と企業のマッチング、企業側の調整役が社内の福利厚生担当に職場ＣＳＡの導入を提案する時のサポートもします。企業側の受け入れ態勢づくりのアドバイス、人数が集まらない企業があれば同じビルの他企業に職場ＣＳＡへの加入の呼び掛けもします。

職場ＣＳＡは大学にも広まっています。イサカにあるコーネル大学では２０１５年、教職員と学生を対象に職場ＣＳＡをスタートさせました。職員や学生の健康維持に加え、大学は地元経済や地元生産者に貢献する役割を担うべきだという判断があったそうです。食材を提供するのは段ボール箱詰めのボックススタイルのＣＳＡを運営する３農場と、ミートＣＳＡで紹介した「ジャスト・ア・ヒュー・エーカーズ農場」です。３年目の２０１７年秋の会員数は計約１２０人でした。

イサカ北部にある「アーリーモーニング農場」は、８月末から11月まで秋学期に合わせた12週の大学生向けＣＳＡを提供します。会費は週当たり22・5ドル（２４７５円）です。２０１６年はコーネル大学などイサカの大学のほか、イサカの北約50マイル（80キロ）にある都市シラキュースの大学のキャンパスに箱詰め野菜セットを配送し、計１００人ほど会員を集めました。

福利厚生で社員にＣＳＡの会費補助を出す企業もあります。農場への融資事業を展開する「ラボバンク」では、ＣＳＡの会費の半額近くを会社が補助して、社員のＣＳＡ加入を促します。医療保険料を割引する企業もあります。野菜中心の食生活が健康づくり、医療費抑制につながるからです。スポーツジム業界では、ＣＳＡ農場と連携した運動と食生活を組み合わせたダイエットコースがトレンドです。マンハッタンのジムでは、トレーニングで汗を流した後にＣＳＡの食材を持ち帰ってもらう会員サービスを展開しています。

福島で誕生ワンコインＣＳＡ

「がんばろう福島、農業者等の会」
が運営する職場ＣＳＡのパンフレット

第３章の日本のＣＳＡで紹介した福島県二本松市のＮＰＯ法人「がんばろう福島、農業者等の会」が職場ＣＳＡを提供したのは、「キャッチキー農場」がマンハッタンで始めた１年後の２０１１年でした。東京電力福島第１原発事故の風評被害に苦しむ福島県の生産者たちが、支援を呼び掛ける取り組みとして始めました。ブランド名は「里山ガーデンファーム」。無理なく息の長い関係をつくろうと、会費は送料込みで５００円の「ワンコイン」にしています。

会員には月1回、福島の旬の果物や野菜が企業のオフィスに届きます。食材はモモ、ナシ、ブドウ、リンゴなどの果物、ジャガイモ、ニンジンなどの野菜、コメ、餅などです。モモやナシは１人分が２、３個になります。

配送先の企業は、人材派遣のパソナ、東芝、関電工など5社で、会員は計５６０人になります。なかには2倍の量の１０００円分を希望する会員もいます。農家側の売り上げは月40万円ほどになります。代表の齊藤登さんは、「５００円は手頃な価格なので細く長く消費者とつながることができます。福島の生産者は原発事故の風評被害に苦しめられていますが、消費者との顔の見える関係に風評被害はありません」と、職場ＣＳＡのメリットを強調します。

出荷はＮＰＯ法人に参画する農家約50戸が当番制で担当します。果物や野菜を1人分ずつ小分け袋に入れ、段ボール箱にまとめて企業のオフィスに配送します。配送コストを考え、入会は20人からにしています。ＮＰＯ法人の生産者はまだまだ果物や野菜を供給できるので、さらに職場ＣＳＡの会員数を増やしたいそうです。

福島の職場ＣＳＡの取り組みは、ニューヨークよりも進んでいる部分がありました。アメリカで会員がＣＳＡをやめる大きな理由の一つは、受け取る野菜の量の多さです。会費をワンコインのように少額に抑えて食材を少量にすれば、量の多さの問題は解消されます。電車やバスの移動時の持ち運びも苦になりません。一方、福島の職場ＣＳＡは、受け渡し回数をアメリカのように毎週や隔週に増やせば農家の経営を安定させる販路になると思います。ワンコイン支援の売り上げは月約40万円ですが、隔週の受け渡しなら80万円、月４回なら１６０万円に増えます。

職場ＣＳＡは、日本のオフィス街にぜひとも広めたい手法です。東日本大震災などの被災地支援に積極的な企業は、生産者の復興支援に直接貢献できるし、社員の福利厚生にもなります。生産者にも大きなメリットがあります。「ジャストフード」のミヤウチさんが話していたように、食材の受け渡し場所と一定の会員数を企業側が事前に確保するので、生産者が単独でＣＳＡを始めるよりもずっとハードルが低くなるからです。日本はＣＳＡ自体がまだまだ一般に知られていません。ＣＳＡの仕組みを説明する役割を企業に担ってもらえることは、生産者にはとても心強いです。「がんばろう福島、農業者等の会」のように、まずは少量の果物や野菜から始めるのもよいでしょう。職場ＣＳＡは、企業、社員、生産者にメリットのある「三方よし」の効果をもたらします。

地域が要望、ウインターCSA

イサカでは広葉樹が色づき始める10月になると、「ウインターＣＳＡ」の勧誘チラシが農場やファーマーズマーケットなどに並びます。イサカの夏秋シーズンのＣＳＡは６月に始まり11月に終わります。ウインターＣＳＡの期間は、12月から３月までの農閑期です。コーネル大学のイクステョンの研究員によると、イサカのウインターＣＳＡは「冬も信頼できる生産者の新鮮な野菜を食べたい」という会員のリクエストに応える形で２００７年ごろに始まったそうです。

イサカの７農場で運営する「フルプレート農場集団」では、２００９年にウインターＣＳＡを始めました。２０１６年冬からのウインターＣＳＡの会員数は約２８０人。夏秋の会員が約５００人なので、全体の６割弱が通年でＣＳＡを利用している計算になります。期間は11月末から翌年の３月初めまで。野菜の受け渡しは毎週木曜で計12回あり、クリスマスから年始に２週間の冬休みが入ります。受け渡し場所は、「フルプレート農場集団」の主力３農場とグループ配送の受け渡し場所16カ所です。戸別配送もします。夏秋に開設するイサカ中心街の歩道の受け渡し会場は屋外で屋根がないので、ウインターＣＳＡには使いません。

「フルプレート農場集団」の夏秋のＣＳＡは、好きな野菜を食べ切れる量だけ持ち帰る取り放題のマーケットスタイルがメインですが、ウインターＣＳＡは箱詰めのボックススタイルのみです。冬は取り放題にできる野菜の量を用意できないので、あらかじめ箱詰めしてあった方が会員も持ち帰りに便利です。会員には毎週、８種から10種の野菜を提供します。冬場に貴重な葉もの野菜は、受

「フルプレート農場集団」のウインターＣＳＡの箱詰め野菜セット

け渡し日の前日にハウスで収穫して新鮮な状態で会員に提供します。根菜類はウインターCSAに備えて秋に収穫して保冷庫で貯蔵します。

２０１７年2月の最終週の提供野菜は計10種でした。内訳は、葉もの類がハクサイ1個、コマツナ1束、サラダレタス1袋、スプラウト1箱、カブのような食感のコールラビ1個。根菜類がスイートポテト1個、タマネギ4個、ニンジン10本、ハツカダイコンの一種3個、ニンニク1個です。

会費は、農場受け取りが３１５ドル（3万４６５０円）、週当たり約26ドル（約２８９０円）になります。グループ配送は週当たり27・5ドル（３０２５円）、戸別配送は30ドル（３３００円）です。夏秋シーズンのボックススタイルのCSAの会費が週当たり約25ドル（２７５０円）なので、ウインターCSAの会費はやや高めです。

農作業員の通年雇用策

イサカにある「スイートランド農場」も、ウインターCSAはボックススタイルで提供します。夏秋のCSAは毎週開催の取り放題のマーケットスタイル一本で、箱詰め野菜の配送はしません。でも、ウインターCSAでは受け渡しを隔週、野菜を段ボールに箱詰めしています。CSAの利点は、受け渡しの回数や方法を自由にアレンジできる点です。

「スイートランド農場」が夏秋のCSAと仕組みを変えている理由は二つあります。一つは、冬に扱う野菜は根菜類が中心で、葉もの野菜も気温が低いので鮮度を保てることです。もう一つの理由は、厳しい寒さと道路に雪の積もった悪条件の中、会員が野菜を受け取りに来る回数を減らすためです。イサカは日中でも氷点下の真冬日が何日もあります。ボックススタイルや隔週の受け渡しは、ＣＳＡ会員の利便性を考えた冬ならではのアレンジです。

「スイートランド農場」を経営するポール・マーティンさんは２０１６年、イサカ中心街の雑貨店にウインターＣＳＡの受け渡し場所を新設しました。野菜の受け渡しは雑貨店にお願いしています。「スイートランド農場」はイサカ中心街から約20キロ離れています。街中の会員の利便性を良くしようと設けました。この効果があり、ウインターＣＳＡの会員数は20人ほど増え、約１００人になりました。２０１７年冬には、ニューヨークの私立小学校にもウインターＣＳＡの箱詰め野菜セットを届け始めました。

マーティンさんがウインターＣＳＡに力を入れるのは、農作業員を通年雇用する冬の収入を確保するためでもあります。夏秋は４人を雇用しますが、冬は１人に減らさなければなりません。農場のウェブサイトには、「農作業員の冬の雇用につながる」と明記してウインターＣＳＡの会員を募ります。マーティンさんは、「経営の透明性は大切です。農場の実情を訴えることで会員の理解が深まります。ウインターＣＳＡの野菜を買うことの意義が会員に伝わるだろうし、会員と農場との信頼関係も強くなります」と説明します。

農場の作業員の雇用期間は、夏から秋までの農繁期が一般的です。収入の少ない冬季は雇用を続けられないからです。作業員にすれば、毎年冬に別の仕事を探さなければならない雇用は不安定です。雇う農場側も、せっかく作業員に技術を教えても翌シーズンにまた農場に戻って来てくれる保証はなく、積み重ねてきた技術育成の投資が無駄になる可能性があります。ウインターＣＳＡは冬のＣＳＡの空白期間を埋めるので、翌年の夏秋シーズンの会員の継続率アップにもつながります。

会費無料のワークシェア会員

ユーピック畑で苗を植える「フルプレート農場集団」のワークシェア会員

ＣＳＡやＣＳＦ（コミュニティー支援型水産業）には、農作業や食材の受け渡しを手伝うと会費が無料になる「ワークシェア会員」という仕組みがあります。手伝いは週に1度、3、4時間程度なので軽いアルバイト感覚でできます。

イサカの「フルプレート農場集団」には、8人のワークシェア会員がいます。週4時間の手伝いで取り放題のマーケットスタイルのＣＳＡの無料会員になれるので、なかなか欠員が出ません。生産者側にも、野菜の受け渡しや収穫など一時的に人手のいる作業でアルバイトを雇う必要がないので人件費を節約できます。「フルプレート農場集団」のワークシェア会員は、5人がユーピック

（U－Pick）と呼ばれる会員限定の農場の摘み取り畑の手入れを担当します。残り３人は、ＣＳＡの受け渡し会場の運営を手伝います。

農作業を手伝うワークシェア会員が担当するのは、受け渡し会場となる「スティック・アンド・ストーン農場」に設けられたユーピック畑です。ミニトマトやハーブ、生花など比較的手入れが簡単な作物の苗の植え付けや草取りなどを担当します。作業日は「スティック・アンド・ストーン農場」がＣＳＡの受け渡し会場になる水曜で、作業を終えた後に取り放題の野菜を持ち帰ります。

受け渡し会場を手伝うワークシェア会員は、会場の準備や後片付け、野菜の補充、会員への応対など、「フルプレート農場集団」のＣＳＡの運営を担当するマネジャーをサポートします。カヤ・キーズさんはイサカ中心街の歩道に木曜に開設する受け渡し会場の担当です。２０１４年にワークシェア会員になりました。「顔なじみになった会員たちとおしゃべりするのが一番の楽しみです。会費なしでオーガニック野菜を持ち帰れるので経済的に助かります」と魅力を語ります。

第３章で紹介したＣＳＦを運営する「ニューハンプシャー・コミュニティー水産」には、４人のワークシェア会員がいます。週１回、担当の受け渡し会場で会員に魚介類を手渡します。組合の職員は、ゼネラルマネジャーとドライバーの２人だけなので、ワークシェア会員はＣＳＦの重要な戦力です。

ポーツマス漁港前の受け渡し会場を担当するバラード・マッティングリーさんは、ワークシェア会員歴４年です。毎週金曜の午後３時から午後６時まで、約50人の会員が魚介類を受け取りに来るのを待ちます。お礼は受け取りに来なかった会員の魚介類です。運にかなり左右されるのではないかと思いきや、意外や意外、マッティングリーさんは毎回2、3個を持ち帰っていました。

CSAの中には、コアメンバーと呼ばれる熱心なボランティア会員のいる農場があります。コアメンバーは野菜の収穫や受け渡し、農場の運営などに積極的に関わり、時に会費額決定の話し合いにも参加して無報酬で生産者をサポートします。ニューヨークでCSA普及に取り組むNPO法人「ジャストフード」は、都市部のCSAには「受け渡し場所の運営を担うコアメンバーの確保が不可欠」と解説します。職場CSAも、企業側の調整役や受け渡し場所の運営を手伝う社員ボランティアが欠かせません。

でも、無報酬のボランティア会員やコアメンバーに対して生産者が申し訳なく感じたり、無報酬で手伝っていることを背景にボランティア会員やコアメンバーの発言力が強くなったりすることが心配されます。かつてコアメンバーのいるCSAを運営していたイサカの「リメンバランス農場」のナサニエル・トンプソンさんは、「コアメンバーの要求を聞いていると生産者の仕事がどんどん増えて手に負えなくなり、CSAをやめることになりました」と、かつての苦い経験を話してくれました。張さんたちと始めた「フルプレート農場集団」では、過去の教訓を生かし、生産者が運営のかじを取り、人手の要る作業をワークシェア会員に手伝ってもらっています。

ワークシェア会員の仕組みの特徴は、生産者と会員の間に適度な距離があることです。生産者は食材で謝礼を払うので会員に気を遣う必要はありませんし、会員も報酬をもらうので生産者に無理な要求をすることはありません。ＣＳＡ会員と農家のコミュニティーを円滑に長く続けるには、お互いが無理をしなくて済む適度な距離が大切です。その仕組みの一つがワークシェア会員です。

「くい掛け」など日本に潜在ニーズ

担い手不足と高齢化が進む日本の食料生産現場は、ワークシェア会員のニーズが高いと思います。例えば、宮城県大崎市のコメのＣＳＡ「鳴子の米プロジェクト」は、農家の高齢化が進み「くい掛け」作業が難しくなっています。

「鳴子の米プロジェクト」では当初、収穫したコメを全て、くい掛けして天日干しすることにしていました。くい掛けは、もみを天日と風に当てて時間をかけて乾燥させます。その間、茎からもみへと栄養分が行き渡り、コメの登熟度が増しておいしくなるといわれます。真っ青な秋空、紅葉で色付いた山々をバックに整然と並ぶ稲ぐいは、里山の景観を構成する鳴子の温泉地の文化財産でもあります。

しかし、農家の高齢化によって全量のくい掛けが難しくなり、２０１４年に刈り取りながら脱穀するコンバインという農機を使うことを認めました。くい掛け米はコンバイン米よりも5キロ当たり４００円高値で買い取るインセンティブを付けました。しかし、「農家の約半数が75歳以上の後期高齢者になり、くい掛け作業がいよいよ難しくなってきました」と、プロジェクト理事長の上野健夫さんは窮状を語ります。

くい掛け作業のマンパワー不足は棚田をはじめ全国の中山間地で顕在化しています。愛媛県のミカンや山形県のサクランボなど果樹生産の現場でも、農家の高齢化で収穫作業が追いつかない事態が起きています。

そこで勧めたいのがワークシェア会員の活用です。「鳴子の米プロジェクト」では毎年秋に稲刈り交流会を開き、１００人近くが参加します。１ヘクタールの田んぼの稲刈りとくい掛けは百人力だと1時間程度で終わってしまいます。ワークシェア会員を数人募り、1日4時間または8時間、くい掛け作業の手伝いをしてもらってはいかがでしょう。お礼はその年の新米です。生産者とワークシェア会員の希望日程のマッチングができれば、プロジェクトを支える心強い戦力になるはずです。全国各地の棚田や果樹の生産現場で、農繁期に生産者の右腕として活躍するワークシェア会員がいれば、経営がより持続的になるのではないでしょうか。

「鳴子の米プロジェクト」の稲刈り交流会で
くい掛け作業をするＣＳＡ会員

「フルプレート農場集団」のワークシェア会員が手入れをするユーピック畑について少し補足します。ユーピック畑は農場にある家庭菜園のような場所で、ＣＳＡ会員が自分たちで野菜を収穫して持ち帰ることができる会員の特典の一つです。ミニトマトやハーブ、生花など栽培が比較的容易なものを育てます。「フルプレート農場集団」では、野菜の受け渡し会場の「スティック・アンド・ストーン農場」と「スリースワローズ農場」にユーピック畑があります。

イサカ中心街の歩道で野菜を受け取る会員も、ボックススタイルの会員も、「フルプレート農場集団」のCSA会員は誰でも利用できます。

ユーピック畑は、子どもたちが収穫したり、土に触れたりできる農業体験の場でもあります。親に連れられてCSAの野菜を受け取りに来た子どもたちが、畑で摘んだミニトマトを口にする光景は、見ている側も笑顔になります。コスモスやヒマワリなど生花を摘む会員も多くいました。CSAは食べ物だけではなく、会員のライフスタイルに彩りを添える役割も担っています。

ユーピック畑でコスモスを摘み取るCSA会員

修繕費をCSAでファンディング

インターネットを通じて不特定多数の人たちにPRして、新しい事業や商品開発のための資金を集めるクラウドファンディング。日本でも東日本大震災後、被災店舗の再建、復興支援事業の立ち上げなどの新しい資金調達方法として注目を集め、各地に広まりました。

ＣＳＡは生産者の安定収入につながりますが、一度に大量の資金を調達するのには向きません。設備の補修や農機具の更新など、まとまった資金が必要になった時はどうすればよいのでしょう。生産者と会員が密接な関係になるＣＳＡの特性を生かしたユニークなファンディングをイサカで見つけました。パンのＣＳＡで紹介した「ワイド・アウェイク・ベーカリー」は、パン工房の修繕資金をＣＳＡの会員や地域の人たちに支援を呼び掛ける「コミュニティー支援型ファンディング」で調達しました。

「ワイド・アウェイク・ベーカリー」の工房は開業から5年が経過して、換気装置などの改修が必要になりました。パン工房を経営するステファン・センダースさんは２０１７年1月、電子メールやウェブサイトなどで会員らに支援を呼び掛けました。修理が必要な設備の状況を伝え、その上で、改修費1万ドル（１１０万円）を集めるために「パン１１０個を５００ドル（5万５０００円）、または２２０個を１０００ドル（11万円）で買ってほしい」と訴えました。インターネットで不特定多数に呼び掛けるクラウドファンディングとは違うこの調達方法を、センダースさんは協力してくれる支援者を天使に例えて「エンジェルシェア」と呼びます。

センダースさんはパンのＣＳＡのほか、ベーカリーの工房開放パーティーやパン教室など地域コミュニティーづくりにも力を注いできました。これまでの地域での活躍や、貢献をよく知る会員や

多くのＣＳＡ会員が訪れた「ワイド・アウェイク・ベーカリー」の工房開放パーティー

住民たちは、次々と呼び掛けに賛同しました。募集開始からわずか４日で目標額を大幅に上回る１万３０００ドル（１４３万円）に達し、あわてて受け付けを締め切りました。

「エンジェルシェア」のパンの価格は１個当たり約４・５ドル（５００円）なので、ＣＳＡ会員向けの価格よりも１ドル割安になります。パンの原料は、地元産のオーガニック小麦を地元製粉所で加工した小麦粉です。「エンジェルシェア」のパンは、結婚式やパーティーなどで一度に全部を受け取っても、従来のＣＳＡ通り毎週必要な個数を受け取ってもＯＫです。

　パンのＣＳＡや販売店舗を持たない経営など、センダースさんの経営リスクを減らす手法は徹底しています。「ワイド・アウェイク・ベーカリー」では、これまで一度も金融機関から資金調達していません。地域の人たちにパンを買ってもらって得た収入を、金融機関への利子の支払いに回したくないからです。かといって、クラウドファンディングでは、目標額に到達しなければ資金を受け取れません。目標額を達成しても、最大で調達額の２割もの手数料をクラウドファンディング運営会社に支払わなければなりません。その点、コミュニティー支援型ファンディングは趣旨に賛同する会員から寄せられた資金を全額、目的の事業に投資できます。

センダースさんが初めてエンジェルシェアを試みたのは２０１１年、パン工房のオープン直後でした。工房の建設費用がかさんで原料購入費などが不足してしまいました。パン工房の挑戦を後押ししてくれた友人たちに手紙を書き、「２５０個のパンを買ってほしい」と訴えました。すると友人たちが次々と支援に名乗りを上げ、合計で１万７０００ドル（１８７万円）もの資金を調達することができました。「あの時に支えてもらえたので今の『ワイド・アウェイク・ベーカリー』がある」と感謝を忘れません。

コミュニティー支援型ファンディングは「他のＣＳＡに応用できる」と、センダースさんは力説します。成功のポイントは、①ＣＳＡ会員の厚い信頼、②高品質な食材――の２点だそうです。日本でも、ＣＳＡを運営する生産者がまとまった資金を必要とする時、会員はコミュニティー支援型ファンディングに挑戦する生産者の心強い「エンジェル」になってくれることでしょう。

ＣＳＡマネジャーは看板役

イサカの「フルプレート農場集団」には看板役がいます。ＣＳＡマネジャーのサラ・ウォーデンさんです。ＣＳＡマネジャーは生産者や組合が雇うＣＳＡ運営の専任担当者で、ＣＳＡコーディネーターとも呼ばれます。会員数５００人の「フルプレート農場集団」のように規模の大きいＣＳＡで必要とされるポストです。

ＣＳＡの受け渡し野菜をボードに書き込むウォーデンさん

「ＣＳＡマネジャーの仕事を知りたいなら密着取材してみる?」取材でお世話になっていたウォーデンさんから願ってもない誘いを受け、夏秋シーズンのＣＳＡが始まった直後の２０１７年６月、マネジャーの仕事を１週間取材させてもらいました。

ウォーデンさんは「フルプレート農場集団」の３代目のＣＳＡマネジャーです。２０１２年にマネジャーに就く前は、別の農場で農作業員をしていましたが、「毎日農場に行かずに農業に携わる仕事がしたい」と「フルプレート農場集団」に転職しました。ＣＳＡマネジャーの雇用形態は農場によって異なります。夏秋シーズンのみのＣＳＡは、夏秋限定の契約になります。「フルプレート農場集団」は11月末から３月までウインターＣＳＡを運営しているので、ウォーデンさんは通年雇用です。勤務時間は夏秋が週35時間で、冬は少し短くなります。

ウォーデンさんはＣＳＡマネジャーの仕事の魅力に、自由度の高さを挙げます。「受け渡し会場の運営など時間が決まっている仕事以外、いつ、どこで作業してもＯＫ」と語ります。一日中オフィスにいる必要はなく、農作業員のようにずっと畑仕事をすることもありません。ウォーデンさんはＣＳＡマネジャーのほか、ヨガのインストラクターをしています。副収入になるし、ちょうどよい気分転換になるそうです。

ＣＳＡマネジャーの仕事は会計、ニュースレターの作成、受け渡し会場の運営、提供する野菜決め、配送ルートの調整、問い合わせ対応、新規会員の開拓など、農作業以外全てと思うほど多岐にわたります。その中で最も時間を要するのは会計作業です。夏秋シーズンが始まる6月は毎日のようにパソコンに会員データを入力します。ウインターＣＳＡが始まる11月も同様にデータ入力に追われます。地味なデスクワークをこなさなければＣＳＡマネジャーは務まりません。

ウォーデンさんの腕の見せどころは、毎週火曜に会員に電子メールで送信するニュースレターだそうです。特に大切なのは、ニュースレターのトップで扱う農場のトピックです。生産者家族の話題、農場で開催するイベントの告知、提供野菜の豆知識など、旬の情報を盛り込みます。文章の長さはその時々で異なり、忙しい時は「ハロー。後で農場で！」といった短いメッセージで終わらせることもあるそうです。２０１7年8月のニュースレターでは、私が帰国後に「河北新報」朝刊で連載したアメリカのＣＳＡの記事を取り上げてもらいました。

ニュースレターの必須項目に、その週に会員に提供する野菜の種類があります。どんな野菜を受け取れるのか早めに知らせることで、会員は献立を考えやすくなり、ファーマーズマーケットやスーパーなどで買い足す食材を判断できます。ニュースレターには、レシピやユーピック畑で摘み取れる野菜や花の情報も盛り込みます。

「フルプレート農場集団」の野菜の受け渡しは、水曜、木曜、土曜にあります。さすが看板役で、

「河北新報」朝刊のＣＳＡ記事を紹介する「フルプレート農場集団」のニュースレター

どの会場でもほとんどの会員がウォーデンさんとのおしゃべりに花を咲かせます。新規会員とは、野菜の調理方法や夕飯のメニュー、家族に人気のある野菜の話題を切り口に会話するそうです。「（５００人の）会員全員の名前は覚え切れないけれど顔は覚えています。顔見知りになると新しい会員ともだんだんフレンドリーになっていきます」と、コミュニケーションのこつを語ります。

農場と会員が信頼寄せる中立性

ウォーデンさんがＣＳＡマネジャーとして心掛けているのは、「農場側にも会員側にも偏らない中立性」です。農場からの指示でも、会員の立場で受け入れられるかどうか考えて、修正が必要な場合は農場主に意見を述べます。会員からクレームがあった時は、その内容を農場に報告して、必要な場合は農場に改善を提案します。「スティック・アンド・ストーン農場」の張さんは、「ＣＳＡマネジャーは、農場が運営者であることを忘れて、あたかも自分のＣＳＡと勘違いしがちだけど、彼女はそんなことがなく、自分の役割をよく理解しています。われわれ農家に意見することもあるし、とてもバランス感覚に優れています」とウォーデンさんを高く評価します。

農場にもＣＳＡマネジャーを置くメリットがあります。生産者は会計作業やクレーム対応に煩わされることなく農作業に専念できます。「人と話すのがあまり得意でない」という生産者には、ＣＳＡマネジャーが会員と農場をつなぐ橋渡し役になります。「フルプレート農場集団」はＣＳＡを始める時、農場共通の窓口役になる存在が必要だと考えてマネジャーを雇いました。対応が農場ごとに違って会員を混乱させることや、一つの農場が強い発言力を持ち農場間の公平性が保てなくなることを避ける狙いもあったそうです。

「フルプレート農場集団」のＣＳＡは２００５年から続いています。複数農場によるＣＳＡ運営を円滑にする秘訣《ひけつ》に、「毎月のランチミーティング」をウォーデンさんは挙げます。ランチミーティングは中核の「スティック・アンド・ストーン農場」と「リメンバランス農場」で交互に開きます。張さんと「リメンバランス農場」のトンプソンさんは20年来の友人で、家族ぐるみの付き合いを続けています。ランチミーティングも双方の家族が集まり、手料理を持ち寄って野菜の生育状況や農機具の具合、農場のイベントなどを話し合います。

１月のミーティングは特に重要で、夏秋シーズンのＣＳＡでそれぞれの農場が栽培する野菜の割り当てを決めます。栽培に手間のかかる野菜は年ごとに交代して役割分担します。話が脱線することもありますが、脇道から本題に戻すのもウォーデンさんの役割だそうです。

CSA会員の継続率比較

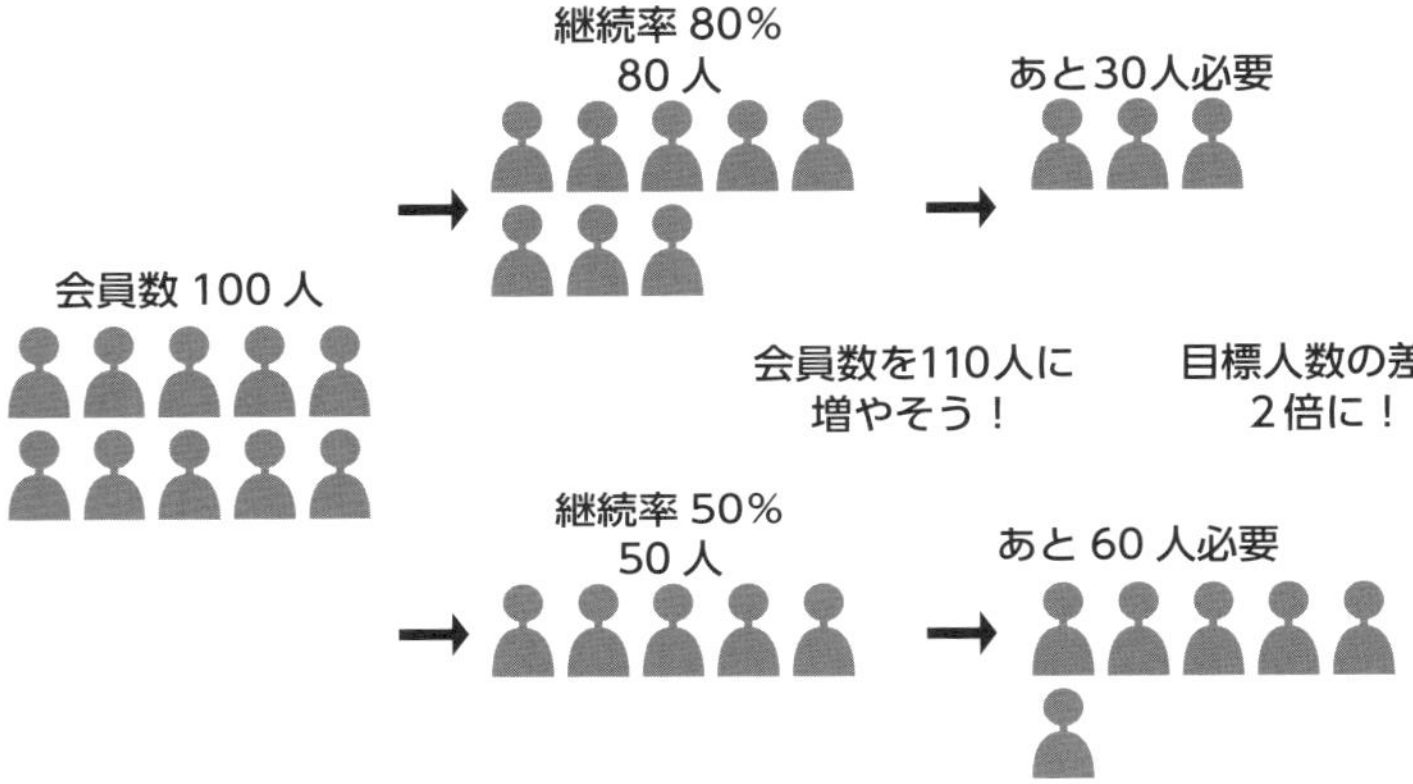

会員継続率は運営の指標

アメリカのCSA取材でちょくちょく話題に上がる指標がありました。次のシーズンに契約を更新する会員の割合を示す「継続率」です。継続率が高い農場ほどCSA運営がうまくいっていて、低いほど運営が不安定になります。CSA専用の会計ソフトを販売する「スモールファーム・セントラル」によると、アメリカのCSAの継続率の平均はおよそ50%だそうです。社長のサイモン・ハントリーさんは、小規模生産者への経営アドバイスも行っています。会員の半数が翌シーズンに契約を更新しない継続率の低さを、ハントリーさんはアメリカのCSA業界の重要な課題と指摘します。

ハントリーさんが継続率に注目するのは、農場の安定経営に直結する数値と考えているからです。上の図のように、例えば、今シーズン100人の会員がいたCSA

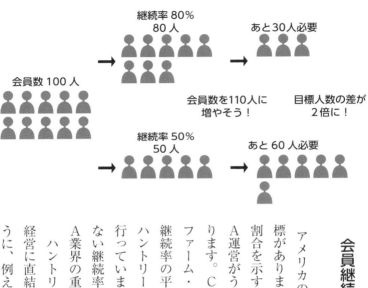

で、来シーズンは１１０人に会員を増やそうと目標を立てます。80人が契約を更新すれば継続率は80％。新たに30人の会員を増やせば目標の１１０人を達成できます。でも、更新する会員が50人、つまり継続率が50％だったら、新しく60人もの会員を獲得しなければなりません。継続率の差が30％あるだけで、１００人から１１０人に会員を増やすための新規会員の目標数が30人から60人へと、２倍に広がります。継続率が低いＣＳＡほど、新規会員の開拓にかかる労力が大きくなり、会員数の見通しも立ちにくいので、経営は不安定になります。

ハントリーさんは、「新会員の獲得は、既存の会員に契約を更新してもらうよりもずっと多くの時間と費用がかかります」と、経営効率の問題も指摘します。日本でもアミューズメントパークや温泉旅館、プロスポーツチームは、リピーター獲得のために顧客満足度を上げる努力を惜しみません。ラーメン店やカフェなど飲食店も常連客が多いほど経営は安定します。ＣＳＡの継続率も考え方は同じです。新規会員を増やすための労力と費用を抑えるためにも、固定ファンの維持は欠かせません。

継続率 80％を誇るイサカで最も古い「ウエストヘブン農場」の受け渡し会場

ハントリーさんが示すＣＳＡの健全な継続率は60～70％です。イサカのＣＳＡ農場は、この合格ラインを上回っていました。7農場でつくる「フルプレート農場集団」の継続率は70％前後でした。イサカで最も長い25年のCSA歴を誇る「ウエストヘブン農場」は80％、約300人の会員がいる「スイートランド農場」は80～90％でした。

継続率の高い農場には共通点があります。どのCSAも、会員が農場などを訪れて野菜を自分で選ぶマーケットスタイルです。イサカの高継続率の三つのCSAもマーケットスタイルです。農家や会員同士が毎週、顔を合わせるので、農場など受け渡し会場が会員にとって単に野菜を受け取りに来るだけの場ではなく、コミュニケーションの場になります。会員がCSAをやめる大きな理由の一つは、野菜を持て余して駄目にすることです。マーケットスタイルは、苦手な野菜や食べ切れない量の野菜を会員が持ち帰らない選択をできるので、継続率を下げる最大の要因を軽減できます。

反対に会員の継続率が低いCSAの共通点は何でしょう。ポイントは生産者とのつながりの度合いにあります。段ボール箱やプラスチック袋に詰めて会員に食材を届けるボックススタイルは、生産者と会員のつながりが薄くなりがちです。ともすると、カネとモノのやりとりだけになり、通信販売と変わらなくなってしまいます。ニューヨークのマンハッタンの「職場CSA」で、会員が翌シーズンに3分の1に減ってしまったケースを紹介しました。ボックススタイルは、理由も分からないまま会員が減少することも起こり得ます。運営する生産者は、電子メールのニュースレターや農場でのイベントなど会員とのつながりをつくる努力が特に求められます。

ハントリーさんは、CSAの継続率を5％引き上げる「秘策」を持っていました。契約の自動更新です。来シーズンの契約を自動更新にするだけで、継続率を底上げできるそうです。携帯電話や公共料金、クレジットカードは更新時期が近くなると通知が届き、更新を希望しない場合のみ利用者が契約解除の手続きをします。会員がＣＳＡを離れてしまうのは、冬から春のオフシーズンに更新を忘れてしまうことも一因です。ウインターＣＳＡも会員がＣＳＡを離れることを避ける狙いがあります。ハントリーさんはシンプルだけど効果のあるＣＳＡの継続率アップ対策として契約の自動更新を勧めます。

継続性に乏しい食材キット通販

継続率に関して、興味深い事例があります。アメリカで人気になっているオーガニック食材キットの通販、「ブルーエプロン」です。料理に使う食材と調味料をレシピと一緒に戸別配送するサービスで、日本でいうコープデリやヨシケイの調理キットのようなイメージです。日本では見慣れたサービスですが、アメリカでは忙しい都会暮らしの人たちに人気です。「これからは『ブルーエプロン方式』が売れる」と熱く語る大学教授もいました。

しかし「ブルーエプロン」は継続率がとにかく低く、半年後にサービスを継続している人の割合が10％まで落ち込むそうです。半年後は10人に１人しか「ブルーエプロン」の調理キットを買い続けていないことになります。最大の理由は、生産者の顔が見えないことにあると思います。生産者の顔が思い浮かばなければ、消費者は値段の安い商品や新しいサービスが出るたびに簡単に乗り換えてしまいます。

サービスに新鮮味があるうちは、次から次へと新規のお客さんが集まり、継続率は気にならないかもしれません。でも、持続的な運営となると疑問符が付きます。常に価格競争にさらされ、新商品を出し続けなければならない市場経済の枠の中で延々と戦い続けなければなりません。

値段が4食分で1セット約36ドル（3960円）と高価なことも、「ブルーエプロン」の継続率が低い理由でしょう。物価の高いニューヨークのマンハッタンで職場CSAの箱詰め野菜セットを提供する「キャッチキー農場」は、1週間4人分の野菜を29ドル（3190円）で提供します。「ブルーエプロン」の価格帯では、サービスを継続できる客層が限定されてしまうと思います。

日本のCSAはボックススタイルが多いですが、どの生産者も継続率は極めて高いようです。仙台市の秋保《あきう》地区にある「くまっこ農園」は、会員がやめるケースは転居や家族構成の変わった時ぐらいで、ほとんどの会員が翌シーズンも継続して箱詰め野菜セットを受け取るそうです。経営する渡辺重貴さんは、農場見学、収穫体験や草取りなど、農場に足を運んでもらうイベントを精力的に催し、会員から信頼を集めています。農場に足を運んだ会員にとって、野菜が単なる「モノ」ではなく、「渡辺さんの野菜」という特別な価値を持つのです。茨城県つくば市の「つくば飯野農園」、神奈川県大和市の「なないろ畑農場」もCSAをやめる会員は「とても少ない」そうです。

第5章　日本でCSAを生かすには

「ここまで、アメリカのCSAの基本的な仕組み、他の食産業でのCSA実践例、CSAから派生したサービスを中心に紹介してきました。第5章では、アメリカで進化を続けるCSAを日本に広める方法を、食べる人側の「消費者教育」と作る人側の「経営の視点」から考えていきます。

消費者教育が最大の課題

ニューヨーク州でオーガニックや食育に関する会議へ取材に行くと、著述家で農場主のエリザベス・ヘンダーソンさんとよく顔を合わせました。30年にわたりＣＳＡの普及に力を注いできたヘンダーソンさんは、ＣＳＡを運営する生産者なら誰もが知っている有名人です。アメリカ初のＣＳＡを「インディアンライン農場」で始めた故ロビン・バン・エンさんと、ＣＳＡの入門書『シェアリング・ハーベスト』を出版したことでも知られます。日本でも翻訳版の『ＣＳＡ　地域支援型農業の可能性　アメリカ版地産地消の成果』（家の光協会）が出版されました。翻訳版は中国、スペイン、韓国など50カ国以上で出ています。

私は会合で会うたびにインタビュー取材を依頼して、ヘンダーソンさんから「いつでも連絡して」と返答をもらっていました。２０１7年5月、その目的を実行すべくイサカの北西約80キロのロチェスター近郊に住むヘンダーソンさんを訪ねました。自宅から歩いて5分の所には、友人のアミー・チッカリングさんと共同経営する「ピースワーク農場」があります。

「ピースワーク農場」を案内するヘンダーソンさん

私はアメリカでＣＳＡ生産者や専門家に会った時に、必ず日本にＣＳＡを広めるための課題を尋ねました。すると、ほとんどの人が「消費者教育」を挙げました。「スティック・アンド・ストーン農場」の張さんも、「ワイド・アウェイク・ベーカリー」のセンダースさんも、ミートＣＳＡのラーソンさんもそうでした。ヘンダーソンさんも同じ意見で、消費者教育を進める具体的な方法として「支援団体を増やすこと」を挙げました。１９８８年以降、ヘンダーソンさんはＣＳＡの第一人者のエンさんと一緒にアメリカ各地を訪ねて、消費者や生産者の団体の会合で、ＣＳＡの仕組みやメリットなどを説きました。もちろん行政からの支援などなく、すべて草の根の活動です。

そして今、ＣＳＡに関連する数多くの民間団体が消費者教育に携わっています。団体の活動分野は生産者と消費者のマッチング、生産者育成、オーガニック認証、農場検索サイトの運営など多種多様です。ヘンダーソンさんも、「今のＣＳＡの普及は支援団体の存在抜きに語れない」と振り返ります。

ニューヨークにＣＳＡ普及

ニューヨークを拠点にするＮＰＯ法人「ジャストフード」はＣＳＡをニューヨーカーに広めたパイオニアです。設立は１９９５年。販路が見つからず資金不足に苦しむ近郊の小規模農場と、新鮮で安全な野菜を手に入れる機会に恵まれないニューヨーカー。「ジャストフード」の出発点は、それぞれ課題を抱える両者を結ぶことでした。着目したのは農家と消費者が直接つながる販売手法のCSAでした。その頃、ニューヨークに進出していたCSAは「ロクスベリー農場」だけだったそうです。「ジャストフード」は「ロクスベリー農場」からノウハウを学び、都市型CSAのモデルを作りました。

20年にわたる草の根の活動で、2015年までにニューヨークに129団体のCSAを開設し、年間約5万1000人が利用するまで浸透させました。運営資金は、行政からの補助金、イベント収入、基金収益、寄付金などで、2015年の総収入額は約117万ドル（1億2870万円）でした。

「ジャストフード」の事務所は、マンハッタン中央に位置する歓楽街「タイムズスクエア」から徒歩5分のオフィスビルの地下1階です。CSA専門のポストがあり、2017年2月に訪ねた時は日系3世のカナダ人、エミリー・ミヤウチさんが担当でした。

「ジャストフード」は長年にわたりニューヨークでCSAの普及、生産者と消費者のマッチングを続けてきましたが、CSA担当者の重要な役割は今も昔も一貫して「消費者教育」だそうです。ミヤウチさんが指摘するポイントは2点。一つは食の担い手である生産者について理解を深めてもらうこと、もう一つは野菜の受け渡しなどへのボランティア参加です。消費者の理解を得る最も有効な方法は、生産者が消費者に直接語り掛けることです。ミヤウチさんは、生産者がニューヨークの地域コミュニティーを訪れる機会を設け、生産者自身と農場の紹介、野菜の栽培方法、CSAの内容などを直接説明してもらい、消費者に理解を深めてもらいます。

「ジャストフード」が確立した都市型ＣＳＡは、会員ボランティアが受け渡し会場の運営などで重要な役割を担います。目的は生産者のサポートです。「ジャストフード」が提案する都市部の受け渡し会場開設に必要な会員の目安は50人で、ボランティアが主体的に会員を集めます。会場の設営、野菜の受け渡し、後片付けは地域コミュニティーで担当者を決めて運営します。

「ジャストフード」委員長のカレン・ワシントンさんは、「地域の人たちが積極的に取り組みに参加するように働きかけないとＣＳＡは定着しません」と強調します。住民がお付き合いで参加しているのでは、「ジャストフード」の職員がサポートに行かなくなるとＣＳＡが自然消滅する可能性が高いからです。職員が地域コミュニティーに足しげく通い、住民にＣＳＡのメリットを理解してもらい、住民の自主性を高めることで持続的なＣＳＡに育つそうです。

「ジャストフード」の一大イベントは、毎年冬に農家や消費者、支援団体関係者たちの集う年次会議です。２０１７年は3月12、13日にマンハッタンにあるコロンビア大学でありました。テーマは「コラボレーション」で、オーガニック食材の低所得層への提供など支援の色合いが会議全体に表れていました。冒頭のあいさつでワシントンさんは、「新鮮な食材を誰もが手に入れられる社会に変えなければならない。知識や技術をシェアして、明日から行動を始めよう」と呼び掛けました。期間中、都市農業、食育、フードビジネス、農業政策などの分野で計60ほどのワークショップがあり、延べ計５０００人が参加しました。

低所得世帯にCSA会費補助

イサカの50キロほど南東に、都市圏人口約25万人の町ビンガムトン（29ページの地図参照）があります。古くからの交通の要衝で、すぐ南はニューヨーク州の隣のペンシルベニア州になります。ビンガムトンにあるNPO法人「バインズ（VINES）」は、低所得者の食習慣改善と地域の小規模農場の経営支援にCSAを活用しています。具体的にいうと、低所得者にCSA会費を最大50％補助するプログラムの運営です。アメリカでは、所得の低い家庭ほどハンバーガーやフライドポテトなど値段が安くて高カロリーなファストフードを食べる傾向があり、低所得層の肥満と糖尿病が社会問題になっています。

2017年、「バインズ」のプログラムに、箱詰め野菜セットのボックススタイルのCSAを運営する5農場が参画しました。期間は6月から11月です。週当たりの会費は農場によって異なり、4人向けで25ドル（2750円）から32ドル（3520円）の幅があります。補助の割合は会費の50％、25％、0％の3通りで、会員の所得によって変わる「スライディングスケール」という仕組みで割合が決まります。50％の補助を受けた会員は、最も会費の安いCSAを週当たり12・5ドル（1375円）の自己負担で利用できます。会費の支払い方法も隔週、毎月、事前払いの3通りあり、低所得者も利用しやすいよう配慮してあります。

「スライディングスケール」では、４人家族で50％補助が年収３万１９５０ドル（約３５１万円）以下、25％補助が５万１１００ドル（約５６２万円）以下を対象にしています。５万１１００ドルを超える所得の世帯は０％補助ですが、プログラムのＣＳＡを利用できます。会員の約半数は50％か25％の補助を受けています。日本の物価水準で考えると補助対象となる所得基準が高いように感じますが、アメリカではそうでもありません。国勢調査局によると２０１６年の平均世帯年収は５万９０３９ドル（約６４９万円）でした。50％補助の基準の３万１９５０ドルの世帯年収は、アメリカの平均年収の半分程度で決して所得が高いとはいえません。

低所得者と地域の小規模農場を橋渡しする「バインズ」の取り組みは、２０１３年に始まりました。主な財源は行政からの補助金、企業や団体、市民からの寄付金です。ＣＳＡの会費補助プログラムは口コミで広がり、２０１６年は会員数がスタート時の約４倍の１３５人に増えました。

２０１６年には、ボランティア割引を導入しました。毎週２時間、受け渡し会場の運営を手伝えば、さらに40％の会費割引を受けられます。例えば、50％の補助を受けている会員がボランティアをすれば、会費は通常の10分の１で

「バインズ」のスライディングスケール年収区分（ドル）

家族構成	補助割合		
	50%	25%	0%
1人	22,400以下	~35,800	35,800超
2人	25,650以下	~40,900	40,900超
3人	28,800以下	~46,000	46,000超
4人	31,950以下	~51,100	51,100超
5人	34,550以下	~55,200	55,200超
6人	37,100以下	~59,300	59,300超
7人	39,650以下	~63,400	63,400超
8人	42,200以下	~67,500	67,500超

2017年夏秋シーズン

済みます。週当たりの会費が25ドル（2750円）のCSAを、わずか2・5ドル（275円）で利用できます。ボランティア割引には別の効果もありました。地域の住民がボランティアに加わるようになったため、受け渡し会場は住民が毎週顔を合わせるコミュニケーションの場になりました。

小学校の食育にCSA

「バインズ」は、CSAの受け渡し会場に公立小学校を活用している点もユニークです。ビンガムトン北部にある「セオドア・ルーズベルト小学校」は、地域の約9割が低所得層で、ビンガムトンの中でも肥満児童の割合が高く、学校では肥満チェックの診療を定期的に行っています。学校を受け渡し会場に利用するには校長の同意が不可欠でした。CSAは食材を販売する営利行為ですし、受け渡し会場は大勢の人が出入りするので、学校の会場利用は敬遠されがちです。「バインズ」の事務局長アメリア・ロドルスさんは、食習慣の改善による肥満対策やCSAによる食育の意義を粘り強く校長に説明して、プログラムを始めた2013年に同校に受け渡し会場を開設しました。

野菜の受け渡し日は、子どもたちの下校時間に合わせて「バインズ」のボランティアが校門前に長テーブルを用意します。スクールバス送迎のない同校では、保護者が子どもたちを送り迎えします。ボランティアは子どもを迎えに来たCSA会員に袋詰めの野菜セットを手渡します。2015年は、小学校で野菜を受け取る会員数が過去最多の27人になりました。

４人の子どもを持つアラ・ブレイシャーさんはプログラムが始まった時からの会員です。子どもを迎えに行く時に野菜を受け取れる便利さ、新鮮なオーガニック野菜を割安で手に入れられるお得感だけでなく、子どもたちの食習慣の変化を喜びます。「野菜の好き嫌いがなくなりました。私と夫はハツカダイコンが苦手ですが、子どもたちは生のままバリバリ食べるんです」。「バインズ」では今後、セオドア・ルーズベルト小学校でのＣＳＡプログラムを利用する子どもたちの食生活への影響を大学の研究室と調査して、他の小学校に受け渡し会場を開設するための資料にする方針です。

「セオドア・ルーズベルト小学校」のＣＳＡ受け渡し

生協と生産者が連携を

日本でＣＳＡを広めるには、既存の団体やインフラを活用するのが現実的な方法ではないでしょうか。ヘンダーソンさんは日本の消費者団体の中でも特に生協に着目して、「販売店舗の店先にＣＳＡの受け渡し会場を開設してはどうか」と提案します。イサカでは地元生産者の多くが生協の店舗に野菜を出荷し、冬には生協の屋内ホールで毎週土曜に開かれるファーマーズマーケットに出店していました。３２４生協（２０１７年度末）が加入する日本生協連合会は、消費者と生産者を直接つなぐ産地直結や食の安全重視という理念を掲げています。この考えはＣＳＡととても親和性が高いです。生協がＣＳＡに着目して普及に力を入れれば、アメリカよりも速いスピードで各地にＣＳＡが浸透するでしょう。

ヘンダーソンさんの提案を私なりに肉付けすると、生協店舗前の軒先にテントを張り、生産者がマルシェのような形で定期的にマーケットスタイルのＣＳＡの受け渡し会場を設けます。野菜を受け取ったＣＳＡ会員が足りない食材を生協店舗で買う可能性は高くなるし、ＣＳＡを知らない買い物客が店先の受け渡し会場を見て興味を持つこともあるでしょう。毎週決まった曜日を受け渡し日にするのがベストですが、これが難しい場合は隔週や月１回から始めてはいかがでしょう。生協の小売店がない地域は、「バイ・ローカル（地産地消）」に熱心なスーパーが、産直コーナーに出荷する生産者と連携すれば、スーパー側もＣＳＡによる相乗効果を期待できます。

箱詰め野菜セットを提供するボックススタイルのＣＳＡと同じ仕組みは、日本のあちこちに既にあります。生協や農産物直売所、食材宅配事業者などが販売する野菜セットを、あなたも目にしたり、買ったりしたことがあるのではないでしょうか。箱詰め野菜セットを提供している生協や農産物直売所が、「これってニューヨークで流行しているＣＳＡという仕組みなんですよ」「野菜を単品で買うよりも割安でお得なんですよ」「こういう生産者が育てて、生産地はこんなに自然豊かな地域なんですよ」などと購買者にＰＲしてはいかがでしょう。単に箱詰め野菜セットとして売るよりも、ＣＳＡの仕組みに生産者のストーリーを載せて紹介する方が消費者の注目を集めるはずです。

ポケマルは日本版生産者検索サイト

第３章の日本のＣＳＡで紹介した食べ物付き月刊誌「東北食べる通信」は、岩手県花巻市のＮＰＯ法人「東北開墾」が２０１３年に創刊しました。１次産業の支援や地方と都市とつなぐコミュニティーづくりが注目を集め、後進の「食べる通信」が全国に35誌生まれました。「東北食べる通信」の高橋博之編集長は、食べ物付き情報誌を「生産者と消費者のお見合いの場にしてほしい」と呼び掛けました。両者のお見合いの場となる「食べる通信」は、今や全国各地に広がっています。ぜひ、読者と生産者を直接結ぶＣＳＡに発展させてほしいです。

高橋編集長は各地の「食べる通信」で紹介した生産者らと全国の消費者を直接つなぐツールとして、スマートフォンのアプリケーション「ポケットマルシェ」の事業を２０１６年に始めました。運営会社はアプリ名と同じ「ポケットマルシェ」です。生産者がアプリに出品した野菜、果物、肉類、魚介類などを、消費者がアプリから簡単に直接購入できる仕組みです。アプリで食材を注文してクレジットカードで支払うと、注文を受け取った生産者から数日内に食材が届きます。生産者は野菜の生育や農場の近況などをアプリにアップすることができ、会員も受け取った食材へのお礼や感想をコメントできます。直接つながることで、お互いの存在を身近に感じられます。

第３章でアメリカとカナダのＣＳＡ農場約７０００戸を検索できるサイト「ローカルハーベスト」

「ポケットマルシェ」に登録する生産者の紹介リスト
https://poke-m.com

を紹介しました。「ポケットマルシェ」は２０１８年12月末時点の登録農漁業者数が１０００人を超えました。消費者が魅力的な生産者を探して直接つながることのできる「ポケットマルシェ」は、日本版の「ローカルハーベスト」といえます。２０１８年に最も人気のあった生産者は、長野市でリンゴを栽培する「信州・マルサ果樹園」で、会員数は約５００人にもなりました。リンゴが完熟するまで収穫を待つ樹上完熟で栽培するので、流通の時間ロスがなく、消費者と直接つながれる「ポケットマルシェ」は、うってつけの取引手法といえます。「信州・マルサ果樹園」のほかにも、毎月の売上額が50万円を超える農漁業者が増えているそうです。「ポケットマルシェ」のメニューは、消費者が欲しい食材を選ぶカタログ方式がメインです。でも、アプリには毎週、隔週、月１回など定期の受け渡しメニューもあります。今後、「これぞ」というお気に入りの生産者との関係性をより密接にするＣＳＡのような定期受け渡しが増えれば、生産者の安定収入につながり、「ポケットマルシェ」の橋渡し役としての存在感が増していくと思います。

オーガニックの消費動向を探る１万人アンケートを実施した東京の一般社団法人の「オーガニック ヴィレッジ ジャパン（ＯＶＪ）」を第２章で紹介しました。「ＯＶＪ」はオーガニックと食育から新しい環境循環社会の実現を目指そうと２０１３年に設立しました。２０２０年の東京五輪・パラリンピックが日本にオーガニック文化を広めるチャンスと捉え、各地を回りオーガニック食材の調査、普及に取り組んでいます。

アメリカでは、地域のオーガニック野菜を割安で安定的に消費者に提供する方法として、さまざまな民間団体がＣＳＡを活用しています。「ジャストフード」も「バインズ」も安全で新鮮なオーガニック野菜を消費者に直接届ける手段としてＣＳＡの普及に取り組んでいます。「食べる通信」や「ＯＶＪ」のように生産者と消費者のマッチング、食育に取り組んでいる団体には、ぜひ両者をつなぐツールとしてＣＳＡを活用してもらいたいです。

ＪＡの農産物直売所を生かそう

ヘンダーソンさんは生産者団体がＣＳＡを普及させた例として、フランスの「ＡＭＡＰ（家族農業を守る会）」を紹介してくれました。２００1年、ニューヨークのＣＳＡの取り組みを聞きつけたフランス人夫婦がアメリカで仕組みを学び、フランス版ＣＳＡの「ＡＭＡＰ」を始めました。「ＡＭＡＰ」普及の原動力となったのは農業のグローバル化に反対する生産者団体でした。持続的な農場経営につながる取り組みとして組織を挙げて「ＡＭＡＰ」のメリットを仲間に説きました。地方の行政組織も地域経済を活性化する仕組みと捉え、生産者と消費者をマッチングして「ＡＭＡ

P」の立ち上げをサポートしました。実践する農場は7年でおよそ700戸に増えたそうです。ヘンダーソンさんは、生産者団体の活躍でCSAを広めたフランスの例があるので、日本でも強い組織力を持つ団体が「CSA浸透の大きな力になる」とアドバイスします。

日本で最大の生産者団体はJAグループです。全国に正組合員と准組合員合わせて1044万人の規模を持ち、2016年度の農畜産物の取扱高は4兆6883億円に上りました。私はニューヨーク州でさまざまなCSAの受け渡し会場、ファーマーズマーケット、食品スーパーを見てきました。買い物感覚で食材を選べて、会員の継続率の高いマーケットスタイルのCSAを日本で実践するなら、農産物直売所が最適だと思いました。農産物直売所は、今や全国に2万3000店余り、年間売上額は1兆円を超える食品流通の一大マーケットです。観光地や温泉地、道の駅にある直売所は、毎週のように訪れる数多くのリピーターを獲得しています。定価で買うよりも割安なCSAの「食のシーズン券」の仕組みは、リピーターに大歓迎されるし、新たなリピーター獲得のチャンスにもなるでしょう。何より大きいのは全国各地に農産物直売所というインフラが既に整っていることです。

全国の農産物直売所の9%はJAの運営で、大規模な店が多く売上額は直売所全体の3分の1を占めます。JAグループは、地域経済や地域インフラを支える社会的な役割が期待されています。JAの組合員はJA出荷、直売所販売という従来の販路にCSAを加えることで、より収入が安定します。CSAによって生産者の持続経営を支えることは、地域コミュニティーの担い手を支えることにもなります。ＣＳＡは会員が定期的に受け渡し会場を訪れるので、生産地周辺への回遊性が高まり、地域経済への波及効果も期待できます。

農産物直売所を受け渡し会場にしたマーケットスタイルＣＳＡを、次のような形で取り組んではいかがでしょう。まず、店内の目立つ場所に受け渡し野菜のメニューボードを掲げます。「ナス１袋」「ダイコン１本」「シイタケ１山」など野菜の種類と個数を記載します。山菜や果物など季節感のある食材が加われば、会員は楽しみが増えます。ナスやキュウリの最盛期に、４人家族が１週間食べ切れる量を目安に取り放題にすればＣＳＡのお得度がアップします。秋にハクサイやダイコンの収穫体験を組み合わせれば、会員が農場を知る機会になるし、生産者とのつながりも深まります。毎週だけでなく隔週や月１回コースを用意するのもよいでしょう。会費はシーズン前払いが理想ですが、買い物客の反応を見ながら回数券方式や利用ごとの現金払いなどを加えてみてはいかがでしょう。

アメリカのＣＳＡはオーガニック中心ですが、日本ではまだそれほどオーガニック食材が浸透していないので、ＣＳＡで提供するのは慣行栽培の野菜でもよいと思います。オーガニック野菜をＣＳＡで提供する場合は、もちろん慣行野菜よりも会費を高く設定します。

小さな直売所はボックススタイルで

地域のお母さんたちが運営する規模の小さな農産物直売所でも、ぜひＣＳＡに挑戦してください。

交通アクセスがあまり良くない直売所は、ボックススタイルのＣＳＡを提供する手があります。秋田県境に近い宮城県大崎市の直売所「やまが旬の市」では、神奈川県在住の男性に箱詰め野菜と加工品を毎週宅配しています。週末が近づくと、野菜と加工品のリクエストを電話で聞いて箱詰めするオーダーメード方式です。ボリュームの多い週は送料込みで６０００円分の食材を宅配で送ります。「やまが旬の市」は地元女性約10人が野菜と加工品を持ち寄り、春先から秋まで毎週土日にオープンする小さな直売所です。季節や天気によって売上額は変わりますが、ボックススタイルの宅配が直売所の安定した収入源になっています。

都市部の広場や公園などに食材を持ち込んで定期開催するマルシェは、都会で暮らす消費者とつながれるマーケットスタイルのＣＳＡには格好のロケーションです。マルシェは生産者が店頭に出て直接販売するので、既に固定客がいるのであればＣＳＡを始める下地は整っています。定価で買うよりも割安になるＣＳＡは賢い都会の消費者なら「食のシーズン券」の魅力にすぐに気付くはずです。生産者もＣＳＡによって、雨の日や冬場に落ち込む売り上げをカバーすることができます。

水産物直売所は、農産物直売所に引けを取らず、全国各地で人気を集めています。２０１６年度の年間売上額は約３７３億円で、5年前から１００億円近く伸びました。農産物直売所とＪＡグループの関係と同様に、水産物直売所でＣＳＡのシーフード版のＣＳＦを広める鍵を握るのは、全国の漁協でつくるＪＦグループです。全国の水産物直売所の年間売上総額の８割を、ＪＦグループなどの直売所が占めます。ＪＦグループの組織力を生かして、漁師と消費者を直接つなぐＣＳＦのプラッ

第5章 日本でＣＳＡを生かすには

トホームを各地に築いてはいかがでしょう。水産物直売所は既に、保冷包装のノウハウを持っています。会員が好きな魚を選べるマーケットスタイルのＣＳＦが実現すれば、おそらく世界初のサービスでしょう。また、水産物直売所は宅配インフラが備わっているので、ボックススタイルのＣＳＦの運営にも適していると思います。

成長続くファーマーズマーケット

アメリカのファーマーズマーケットについて少し補足します。スーパーの野菜コーナーのように生産者の野菜が並ぶ日本の農産物直売所と違い、アメリカのファーマーズマーケットは各生産者がブースを持ち、それぞれ野菜を販売します。日本のマルシェや朝市、お祭りの露店と同じスタイルです。

農務省の統計調査によると、アメリカには2017年、8687カ所のファーマーズマーケットの登録がありました。1994年は1755カ所だったので20年余りで5倍も増えました。2015年の調査で、ファーマーズマーケットに出店する生産者は約4万1000戸、売上総額は7億1100万ドル（約782億円）になります。ＣＳＡの年間売上額が2億2600万ドル（約249億円）なので、ファーマーズマーケットの売上額はＣＳＡの3倍です。ただ、ファーマーズマーケットは1生産者当たりの売上額がＣＳＡの半分程度にとどまるので、販売効率の面では収入

163

バイ・ローカルを徹底する「イサカファーマーズマーケット」

の安定するＣＳＡに軍配が上がります。

都市圏人口10万人のイサカでは、ファーマーズマーケットが週に10カ所開催し、夏は月曜以外、街のどこかにマーケットが立ちます。この開催頻度がイサカの地元産食材の年間売上額２０００万ドル（22億円）という数字を支えています。最も規模が大きい「イサカファーマーズマーケット」は、多い日には１日に約７０００人が訪れます。会場は中心街の１・５キロ北東のカユガ湖岸にある蒸気船の船着き場跡地にあります。木造平屋の小屋を会場に、土曜は午前９時から午後３時、日曜は午前10時から午後３時まで、木曜は「ナイトマーケット」と銘打ち午後５時から午後８時まで開きます。船着き場での開催は春から秋までで、１月から３月末までの冬場は土曜限定でイサカ中心街の生協の屋内ホールに会場を移します。

出店ルールは、「バイ・ローカル（地産地消）」を徹底しています。「イサカファーマーズマーケット」から半径30マイル（48キロメートル）圏内に住み、かつ圏内で生産した地元産の食べ物や工芸品などを販売することが条件です。出店登録は約１６０戸あり、そのうち農場は65戸。張さんの「スティック・アンド・ストーン農場」もミートＣＳＡを運営するラーソンさんの「ジャスト・ア・ヒュー・エーカーズ農場」も通年で出店します。販売価格はそれぞれの生産者が決めますが、どの店もスーパーに並ぶオーガニック野菜よりも割安で販売します。

飲食店も多く、オーガニック野菜を使ったベジタリアン向けのランチボックスは盛り付けが色鮮やかで大人気でした。ほかに、タイ料理やイスラエル料理、リンゴ農家の自家製アップルサイダーなどさまざまな店が並びます。食べ物以外にも、花束、写真、工芸品などを販売するブースもあります。買い物客は飲食店の料理や飲み物を楽しみながら、野菜などの食材を買って帰ります。

日本でも第三者認証団体の活用を

アメリカではオーガニック認証を審査する第三者機関が、消費者と生産者へのオーガニック教育やＣＳＡの普及に大きく関わってきました。オーガニック認証機関は80団体ほどあります。「ニューヨーク・オーガニック農業協会（ＮＯＦＡ―ＮＹ）」は、ニューヨーク州で活動するＮＰＯ法人で１９８３年に設立しました。協会は２００２年、国際的な規定に従ってオーガニック認証の審査を担当する別組織をつくり、ＮＰＯ法人の事業を消費者や農家へのオーガニック教育に特化しました。

オーガニック認証の申請が増えれば、その分協会の売り上げが伸びるので、ＮＰＯ法人は生産者と消費者へのオーガニックの普及に精力的に取り組みます。オーガニック野菜を安定的に直接取引できるＣＳＡの説明にも自然と力が入るわけです。２０１７年に「ニューヨーク・オーガニック農業協会」から認証を受けた農家は１０３９戸で、前年から11％伸びました。

２０１7年1月、ニューヨーク州のサラトガスプリングスで「ニューヨーク・オーガニック農業協会」のウインターミーティングが開かれました。ヘンダーソンさんは協会の理事でもあり、私はこのウインターミーティングで初めてお会いしました。３日間の日程で生産者、消費者、支援団体関係者ら１０００人以上が参加し、約１２０のワークショップがありました。オーガニック野菜の栽培技術やＣＳＡの経営手法など、多種多様な分野の発表があり、参加者からは次々と質問が飛び出しました。初めて参加した私は、知識と情報をシェアする会場の熱気に圧倒されました。

日本でも、食品の安全性に対する消費者の意識の高まりを受けて、国際規格のオーガニック（有機）ＪＡＳ認証制度を農林水産省が２０００年に始めました。認証取得希望の生産者を審査する組織は全国に約70団体あります。オーガニックＪＡＳ認証は国際ルールに沿っているので、アメリカの団体と同じようにオーガニック認証の審査組織と、生産者へのアドバイスや生産者と消費者のマッチングを行う組織を分けなければなりません。しかし、日本の認証機関の多くは新たに組織を設立してオーガニックの普及に取り組むほどの経済力もマンパワーも足りていないのが現実のようです。

政府は２０２０年の東京五輪・パラリンピックに向けてオーガニック食材の普及に力を入れています。東京五輪をきっかけに、市場の成長が期待できるオーガニックの生産基盤を拡大したい考えだそうです。ならば、アメリカのような認証団体と教育団体が両輪となってオーガニックを推進する仕組みを日本につくってはいかがでしょう。例えば、第三者機関が審査専門の別団体を設立することを後押しする国の支援制度ができれば、全国に70団体ある認証機関が生産者と消費者へのオーガニック普及に力を注ぐ機動力は増すはずです。

経営の甘さは長年の課題

「アメリカの小規模生産者の課題は何ですか」。取材した大学教授や生産者の指導に当たる専門家に尋ねると、大抵「経営の視点の甘さ」を挙げました。日本も同じように経営の視点は生産者の課題としてしばしば取り上げられます。アメリカで安定的な農場運営のポイントに挙がるのはＣＳＡです。「スティック・アンド・ストーン農場」の張さんも、「リメンバランス農場」のトンプソンさんも、ＣＳＡを経営の基礎に据えて卸販売やファーマーズマーケットでの対面販売をバランスよく組み合わせていました。パンのＣＳＡを始めたセンダースさんとミートＣＳＡのラーソンさんは、持続的な経営手法を探してＣＳＡにたどり着きました。イサカで出会った若手生産者の夫婦は、売上額の不安定なファーマーズマーケットからＣＳＡの収入の割合を増やすために会員募集に力を注いでいました。

ＣＳＡ取材では、新規就農者をサポートするイクステンションの研究員にとてもお世話になりました。イクステンションは、日本では都道府県庁の出先機関の改良普及センターが近い存在ですが、両者には大きな違いがあります。改良普及センターは行政の決めた政策や栽培技術を生産者に指導するのに対して、イクステンションは生産者からの要望に応じて指導メニューを決めます。

イクステンションの職員が経営の基礎を教える新規就農者向け講座

例えば、イサカでは近年、キノコ栽培の人気が高く、生産者からの要望を受けてキノコ栽培の講座を始めました。また、野菜の売り先探しに困っている生産者の声に応えるべく、地元レストランとのマッチングにも取り組んでいます。コーネル大学から依頼のある学術的な調査、研究のデータ収集もします。イクステンションでは、農業の他にも、子育て、環境問題、料理、コミュニティー運営などに関する講習会やイベントなども行います。

モニカ・ロスさんは、コーネル大学のイクステンションに40年以上勤めるベテラン研究員で、イサカの1次産業、ＣＳＡの歴史を熟知しています。新規就農者を長年サポートしてきたロスさんが挙げる課題はやはり経営の甘さでした。

新規就農者は、農場のライフスタイルや野菜作りへのあこがれが先行して、野菜の売り先を探す意識を欠き、生活するための収入を確保できず、離農する人が後を絶ちません。「これから農業を始めるというのに、地元のファーマーズマーケットに一度も足を運んだことがない人もいます。野菜の栽培だけを考えてマーケティングがすっぽり抜けている。これが一番大きな間違いです」と経営意識の低い就農者を嘆きます。

地元生産者が集うファーマーズマーケットは、その土地で人気の野菜や食文化、価格相場を知ることができる情報源です。他の生産者がどのような野菜を作り、販売しているのかも知らずに農業を始めるのは、行き先を調べずに電車に乗るようなものです。もしかしたらナスが、毎日食卓に並ぶ地域の定番野菜かもしれません。キュウリといえば、10センチ程度のミニサイズだけを指す地域かもしれません。

ロスさんは、ファーマーズマーケットは、新規就農者が経営を学ぶ格好の実践の場になると説明します。アメリカのファーマーズマーケットは、農家がそれぞれ販売ブースを持って対面で食材を売ります。対面販売は、消費者の反応やリクエストを直接聞くことができ、固定客を獲得するチャンスにもなります。また、ファーマーズマーケットに出店する生産者同士が情報交換する機会でもあります。

就農は0・4ヘクタールから

経験の浅い生産者はＣＳＡを何人の会員から始めればよいのでしょう。ロスさんは10人程度からのスタートを勧めます。新人農家は、10人に満たない会員でも8種程度の野菜を毎週そろえるのに四苦八苦します。私がイクステンションの事務所を訪ねた前日も、ロスさんは、会員に渡す野菜をそろえるのに苦労する新規就農者から相談を受けたそうです。

ＣＳＡは一度でも野菜が配布できなかったり、極端に野菜の量が少なかったりすると、会員は翌シーズンに戻ってきません。天候不順や災害は地域の生産者全体に影響が出て、メディアでも取り上げられるので、提供野菜が減ることに会員も納得できるでしょう。でも、栽培技術の問題で1農場だけ収量が少なければ、会員の信頼は薄れます。新規就農者は会員を無理に増やさず、自分の技術や生産能力の成長に合わせて少しずつ増やすのがCSA運営のポイントです。

では、新規就農でオーガニック栽培を始めるには、どのくらいの広さの農地が必要なのでしょう。ロスさんは「1エーカー（約0・4ヘクタール）で十分」と語ります。小さな農地でよい理由は、経験の浅い生産者は広い農地を生かし切れないからです。仮に10エーカー（約4ヘクタール）の農地を確保できても、1エーカーからスタートするようアドバイスします。無理に広い農地で栽培すれば、それだけ手間や経費がかさみます。新規就農者は野菜を育てる技術も売り先も手探りです。販路を見つけられなければ、作った野菜だけでなく、収穫までの手間と経費が無駄になってしまいます。

ロスさんは長年の指導経験から、「新規就農者が農業収入だけで生活する一人前になるまでに7年は必要」と語ります。就農1年目の農家の売上額は1万ドル（110万円）から2万ドル（220万円）の間だそうです。アメリカの2016年の平均世帯年収は5万9039ドル（約649万円）なので、新規就農者が農業収入だけで生活するのはかなり厳しそうです。

イサカの小規模生産者は農業で十分な収入を得られない間、アルバイトなどをして生計を立てていました。「スティック・アンド・ストーン農場」の張さんは就農から10年間、コーネル大学の図書館などで働いていました。オーガニック小麦生産者のソー・オースナーさんは12年間、自動車修理の仕事を続けました。高品質の野菜を作り、効率的な栽培技術を身に付け、土作りを覚え、固定客を増やし、農地面積を広げ、機材をそろえ、自分に給料を払うことができるまでに7年程度かかるというのは、決して大げさな年数ではありません。

コーネル大学には、学生たちがＣＳＡを実践しながら学べる「ディルムン・ヒル学生農場」があります。大学の教授たちに栽培のアドバイスを受けて、オーガニック野菜を毎週、約30人の会員に提供していました。学生たちは大学の授業とは別に、栽培の苦労や野菜を売る難しさを体験しながら学びます。シーズン後には、実習の成果を約50ページの報告書にまとめます。ＣＳＡの実践の場が大学にあれば、経営の視点を学生時から培うことができます。「大学卒業後に農業をやりたい」と語る女子学生もいました。日本の大学にも、ＣＳＡを生産から販売まで通して学生の時から実践できる場を開設してもらいたいです。

「ディルムン・ヒル学生農場」でＣＳＡを実践しながら学ぶコーネル大学の学生

マーケティングは農業の基本

「マーケティングのない農場は堆肥の山を作っているのと同じ

だ」。どれほど素晴らしい野菜を作っても、買い手がいなければ堆肥にしか使い道がない。ＣＳＡ専用の会計ソフトを販売する「スモールファーム・セントラル」社長のサイモン・ハントリーさんは、この辛口の例えを使って「経営の視点」の重要性を説きます。

「スモールファーム・セントラル」は、ハントリーさんがインターネットを活用した小規模農場の経営や野菜販売に着目して２００６年に設立しました。当初は、農場のウェブサイトの開設や動画撮影の依頼が多かったそうです。最近は自分たちでウェブサイトを開設する生産者が増えており、「スモールファーム・セントラル」の主要事業もＣＳＡの会計ソフトの提供、システム管理などに移っています。アメリカとカナダの約１０００戸の小規模農場をサポートしており、２０１６年の売上額は約１００万ドル（1億１０００万円）に上りました。

２０１７年4月、私はハントリーさんに会うため、ペンシルベニア州ピッツバーグを訪ねました。大学を卒業して間もない23歳で、ＣＳＡに着目して専門ソフトの会社を設立した経緯や、ＣＳＡのインターネットマーケティング戦略に興味がありました。初対面にもかかわらず、ハントリーさんはわざわざ空港まで迎えに来てくれました。立派なあごひげを蓄えた容姿はウェブサイトの写真よりも実物ははるかに若く、声を掛けるのに躊躇《ちゅうちょ》してしまいました。33歳という年齢を考えれば年相応の容貌と感じました。

ハントリーさんの父は炭鉱員、母は大学教授で、小さな農場を兼業していました。小学生の頃、休日の朝に農作業を手伝うのが嫌で嫌で仕方なかったそうです。大学ではコンピューター・サイエンスを学びました。農場経営とＩＴをつなぎ、生産者の所得を上げる方法を考え、たどり着いたのがＣＳＡとインターネットマーケティングの融合でした。

一口に経営の視点といっても、内容は多岐にわたります。どんな商品を売るか、いつ売るか、だれに売るか、どうやって商品を届けるか、どうやって宣伝するか、などです。アメリカでは、野菜を売った時に農家が得る利益率は販売額の１割強だそうです。直接取引のＣＳＡの割合を上げて利益が増えれば、生産者は暮らしが良くなるし、農地管理も行き届くし、農作業員に高い給料を払えるし、旅行に行けるし、老後の貯蓄もできます。

低価格を最大のセールスポイントとする大規模農業に対抗できる「小さな農業」の武器は何でしょう。ハントリーさんは「作り手本人の歴史や哲学、人柄」を挙げます。オーガニック、おいしさ、作り手の情熱などを消費者に知ってもらうこと、大規模農家にはできない小規模農家ならではの小回りのよさを武器にします。「野菜を作るのが仕事」「食べ方を教えるのは料理人の仕事」と、マーケティングを嫌がる生産者はアメリカにもいます。ハントリーさんは、「食卓の皿に載るまで消費者を手伝うのが売り上げを伸ばす秘訣《ひけつ》です。恥ずかしいと思うかもしれないけれども、作り手の顔をどんどん売り込んでほしい」と助言します。

新規就農者にマーケティングのアドバイスをするハントリーさん

インターネットは必須広告ツール

ハントリーさんがインターネットツールを活用した経営戦略を提唱するのは理由があります。アメリカではインターネットが農場経営の必須アイテムになっているからです。農務省の「農業センサス」によると、２０１２年までの5年間で、農場のインターネット利用率が57％から70％に伸びました。私が取材した生産者は全て、農場のウェブサイトとフェイスブックページを開設していました。日本でもインターネットは日常生活に欠かせない情報ツールです。総務省の「２０１７年版情報通信白書」によると、日本のインターネット利用率は83・５％。日本人の5人に４人が利用していることになります。

ハントリーさんが薦める最も便利な広告ツールはフェイスブックでした。フェイスブックページは農場の専用サイトを無料で開設でき、自由に情報発信できます。ハントリーさんは、視覚に直接訴える写真がウェブサイトで効果を発揮すると強調します。被写体は、トマトの初収穫、耕作風景、愛着のある農機具など、農場や生産現場の日々の状況を伝える一コマです。フェイスブックページの文章は、日本語に置き換えて長くても原稿用紙1枚（４００字）程度のコンパクトな量を心掛けます。「せっかく農場のフェイスブックページを見に来てもらったのに、文章が長いと読むのをやめてしまうかもしれない」のが理由だそうです。長い文章よりも生産者の魅力を伝える写真の方がシンプルだし、生産者もややこしい長文を考える必要がありません。

ハントリーさんは携帯電話のショートメッセージも強力な広告ツールだと説明します。「スモールファーム・セントラル」の顧客アンケートによると、ファーマーズマーケット開催直前に送信するショートメッセージの告知を、88％が「効果あり」と回答しました。消費者にファーマーズマーケットなどの情報を得る手段を尋ねたところ、ショートメッセージは９割を超え、フェイスブックや電子メールを抑えて圧倒的な支持を集めました。

ショートメッセージも、文面はシンプルにします。盛り込む内容は、①発信者、②目玉食材、③イベントの会場と日時――の３点です。例えば、「○○農場です。今日はイチゴがあります。今季初収穫で15箱限定です。○○ファーマーズマーケットで午前10時から午後5時まで」といった具合です。送信のタイミングは、ファーマーズマーケットが始まる２時間前が最も効果的だそうです。

世界に広めよう「CSAデー」

「ＣＳＡの最終目的は生産者利益」とハントリーさんは強調します。ＣＳＡの世帯普及率を現在の0・4％から10倍の４％に上げることを当面の目標に掲げます。２０１５年には、ＣＳＡ農家らが一斉に入会を呼び掛けるキャンペーンイベント「ＣＳＡデー」を始めました。日にちは、１年で入会者の最も多い２月の最終週に決めました。２０１７年は２月24日がＣＳＡデーで、アメリカ、カナダの農家がウェブサイトなどで消費者に入会を呼び掛けました。私も、ぜひ日本にもCSAデーを広めてほしいと熱望されました。「CSAは小規模農場にとって利益率の高い持続経営手法で、まだまだ成長の余地があります。CSAが持続しないと僕の会社も持続させることができなくなります」。ハントリーさんはCSAと運命共同体のような関係だと説明します。

私がハントリーさんを知ったきっかけは、第一線で活躍する小規模生産者をインタビューするインターネットラジオ「ファーマー・トゥ・ファーマー・ポッドキャスト」でした。先進的な小規模農家をゲストに、農場経営や栽培、ライフスタイルなどについて90分にわたり語ってもらう番組で、多い時は1万5000件のダウンロードがあります。生産者同士が知識や技術をシェアする場になっていて、私もイサカの若手生産者に番組を教えてもらい、リスナーになりました。ハントリーさんは農家ではない異色のゲストで、CSAに関するデータを示しながら、インターネットツールを活用したCSAの販売戦術を熱っぽく語っていました。番組でも「マーケティングのない農場は堆肥の山を作っているのと同じだ」との決めぜりふで、司会者の笑いと共感を得ていました。

新規就農者の経営の下支えに

アメリカの小規模生産者の課題に挙がる「経営の視点」は、日本の生産現場にも当てはまります。ロスさんは、地元の生産物の傾向をつかむことと背伸びをせずに実力を培いながらCSA会員を増やしていくことを新規就農者にアドバイスします。これは日本の若手生産者にも通じる基本です。ハントリーさんが訴える食卓まで考えた経営、自分を積極的に売り込む姿勢は、日本でも生産者に求められる経営のポイントです。売れなかった野菜で堆肥の山を作っていては経営が続かないのは、日本も同じです。

非農家出身の新規就農者が小さな農地で大規模生産者と渡り合うには、農作物に付加価値を付けるのが日本でもアメリカでも定石だと思います。ＣＳＡは消費者が割安で食材を手に入れられ、生産者には安定収入を確保できるメリットがあります。例えば、ＣＳＡ会費が週当たり２０００円で10人の会員がいれば、月８万円、年96万円の売上額を確保できます。マルシェや農産物直売所は天気や季節に売上額がどうしても左右されます。マルシェで晴れの日に野菜が８万円売れても、雨の日に１万円しか売れないかもしれません。

日本に向いているＣＳＡの運営スタイルについて、アメリカの研究者やＣＳＡ農場主は「複数農場での運営がよいのではないか」とアドバイスします。第２章で紹介した「フルプレート農場集団」のような経営スタイルです。各生産者がそれぞれ得意とする野菜を持ち寄れば、１農場が多品種の野菜を栽培する必要がなく、ＣＳＡを始める時の栽培の負担は少なくて済みます。毎週10種類近くの野菜を安定的に全会員に提供するには、それなりの栽培技術と経験が必要です。

ハントリーさんは、別の観点から複数農場の共同運営を勧めます。ＣＳＡは野菜を育てるほかにも、会員に野菜を受け渡して、会計して、広告して、クレーム対応しなければなりません。共同運営なら、それぞれの農場でこれらの役割を分担できます。

日本では通信販売サービスが急成長しています。インターネット通販などで箱詰め野菜セットを既に販売している生産者は、CSAの「食のシーズン券」の魅力を常連さんに説明してCSAに発展させてはいかがでしょう。毎週や隔週の定期配送や、セット購入のお得感など「食のシーズン券」のメリットに常連さんは魅力を感じるはずです。箱詰め野菜セットを定期購入している消費者は、ぜひ生産者にCSAの運営を勧めてください。

飲食店などと取引のある生産者は、この関係を一歩進めてみませんか？　アメリカの小規模生産者たちは、飲食店や雑貨店、アンテナショップとのコラボレーションに積極的でした。「フルプレート農場集団」は、ワインショップやリサイクルショップと連携してボックススタイルのCSA会員への野菜の受け渡しを依頼していました。協力店への金銭的な支払いはなく、会員が取りに来ずに残った箱詰め野菜を謝礼として渡していました。ニューヨーク・マンハッタンで職場CSAを展開する「キャッチキー農場」も、劇場やカフェと連携してCSAの野菜の受け渡し会場に利用していました。

日本でも、茨城県つくば市の「つくば飯野農園」が東京・青山のカフェと連携してCSAの受け渡し会場として利用しています。宮城県大崎市の「鳴子の米プロジェクト」は、自分たちで運営するおむすび専門店を会員へのコメの受け渡し会場にしています。生産者の中には、地元の飲食店に直接配達したり、都市部の飲食店に業者委託で配送したりする方が多いのではないでしょうか。この既存の配送ルートにＣＳＡ会員への野菜の受け渡しを合わせれば、それほど配送の手間は増えないと思います。ＣＳＡの受け渡し会場として利用させてもらい、会員が受け取りに来なかった食材を飲食店に使ってもらえれば、生産者と飲食店の双方にメリットが生まれます。

東京には、交通アクセスの良い中心街に自治体などのアンテナショップが出店しています。アンテナショップには地元からの食材輸送ルートが確立しているだろうし、好立地です。この優位性を生かしてＣＳＡの受け渡し会場に利用できれば、各自治体の食材の消費拡大につながります。

ＣＳＡの仕組みは農漁業者だけの専売特許ではありません。アメリカでパンやメープルシロップ、ワインなど食品加工業に波及したように、日本でも飲食店や加工業者にＣＳＡを取り入れてもらいたいです。地元食材を使った弁当や定食のＣＳＡ、農産物直売所やマルシェの総菜店のＣＳＡ、日本酒やワイン、地ビールのＣＳＡなど応用範囲は広がります。地元の食材を使い、お金を地域内で循環させる歯車が増えれば、それだけ地域が豊かになります。

日本の多様な１次産業を持続的に

ヘンダーソンさんは、アメリカ国内にとどまらず世界各国にＣＳＡを伝えてきました。ＣＳＡのルーツとも言われる日本の「産消提携」の関係者とも交流があります。２０１０年には、神戸で開かれたオーガニック農業の国際シンポジウムに出席しました。会員、生産者とも増加を続けるアメリカのＣＳＡと対照的に、産消提携の会員規模は１９９０年代以降、減少しているそうです。ヘンダーソンさんは、日本の産消提携の役員から「若い世代の会員が入らない」と相談を受けました。ヘンダーソンさんは、産消提携の後継者難の要因が「ルールの厳格さ」にあると指摘します。産消提携には食材の全量買い取り、価格の固定、農作業の手伝い、自主配送など、消費者が生産者を支えることを目的とする10項目の原則があります。「ルールが厳格すぎると若者たちは魅力を感じません。ＣＳＡ運営の基本は生産者と会員が適度な距離感を持つことです」と強調します。

ヘンダーソンさんが挙げるＣＳＡの最低条件は、「農家を支える仕組み」「新鮮で高品質な地域食材の直接取引」の2点でした。それ以外の部分は農家と会員が適した形にアレンジできる自由度があります。理想追求型の産消提携と多様性を認めるＣＳＡ。持続可能な食料生産を目指す方向はどちらも同じですが、ルールを守ることを重視し過ぎて若い世代が産消提携に居心地の悪さを感じてしまう。これが、産消提携とＣＳＡの広がりの差として現れたのではないかと思います。

１９４３年生まれのヘンダーソンさんは農業から引退して、農地管理は共同経営するチッカリングさんに任せています。大ざっぱな性格というヘンダーソンさんは現役時代、野菜の長さや大きさの違いをあまり気にしませんでした。一方、チッカリングさんは野菜の規格をとても気に掛けて丁寧に栽培します。

細かいことまで注意しなければならなくなると農場で働く仲間たちが苦労するのではないかと、ヘンダーソンさんは内心思っていますが、チッカリングさんには何も言いません。ＣＳＡは生産者それぞれのスタイルがあると理解しているからです。

「多様性こそＣＳＡの特徴」。時代や世代の変化とともに運営スタイルを変えられるＣＳＡを日本に広めることは、全国各地の農業や漁業を持続的にする環境づくりにつながっていきます。ＣＳＡを生かして多様で豊かな未来をつくれるのは、食べ手である私たち消費者と作り手である生産者しかいないのです。

本書に寄せて

結城登美雄（民俗研究家）

田植えの季節が近づくと毎年思い出す俳句がある。10年ほど前の日本農業新聞の「くらしの花実」欄に紹介された水谷繁之さんという方の次の一句。

田植え機を　買ふ決心をして　淋《さび》し

長年使い慣れた田植え機が、とうとう壊れてしまった。修理をしても全く動かない。米作りをやめる潮時だとの予言だろうか。それでも中古農機具フェア会場に何度も足を運び、迷いに迷ってようやくにして田植え機を手に入れたが、心はなぜか少しも喜ばない。やればやるだけ赤字が膨らむ昨今の米作り。しかし米は命の糧、わが農業人生の中軸。代々受け継いできた先祖たちの想い。田を荒らすのは忍びない。だが、80歳近くになって、あと何年続けられるのか。米作りを決心して「淋《さび》し」と言わざるを得ないのは老農だけではあるまい。私はこの二十数年、東北の農山漁村の集落を８００カ所ほど訪ね歩き、その地で営まれる農業者たちの生産風景を見つめてきたが、日本各地の田園に立つ多くの人々の想いもまた同じなのではあるまいか。

一方、農水省やＪＡ、研究機関が行うアンケート調査をながめれば、７割以上の国民が日本の食料自給率の低さを心配し、８割以上の人がこの国の食料の将来に不安を抱いているという。たしかに、国民食料の38％しか自給できない国の未来は不安で危うい。だが、しからばどのようにして自給率を上げ、食の不安を取り除くのか、と問われれば誰もが口をつぐんでしまい、話が先に進まない。

私見によれば、この国の食料自給率の問題は、もはや農林水産という産業論や生産領域をはるかに超え、国民の生命と生存に関わる存在論的消費領域の問題になったのではないかとさえ思われる。巷間《こうかん》流布されている食料自給をめぐる議論はいつも、食品というモノとカネの数字ばかりが躍って、その食を支えている人間の問題、すなわち農漁民の現場と現実をとらえる視点が不足していると感じる。

農地は、そこを耕し種をまき、作物を育てる人間がいなければ、単なる土地に過ぎない。人がいて、はじめて農業なのである。農民が土を耕し種をまき、間引きをしたり支柱を立て、雑草を刈り虫を払い、ようやくにして収穫をするから私たちの食卓に野菜は届くのである。漁民が沖をめざして船を出し、網を入れて引き上げるから魚は今日も私たちのおかずになるのである。「誰が私たちの食料を支えているのか？」。その問いを避けて、私たちの食の未来はない。いったい１億２６００万人の日本人の食料は何人の農漁民によって支えられているのか？　残念ながら、それを知り、気にする国民（消費者）はあまりにも少ない。農林水産省によれば２０１８年現在、日本の農業就業者は１７５万人余り。漁業就業者は15万人。私たちの食の土台は、農林漁業あわせて１９０万人あまり、すなわち全人口のわずか１・５％の人々の報われない労働にささえられているのが実態である。しかも、その大半は老農、老漁師たちである。そして１７５万人の農業就業者のうち７割近くを占める１２０万人は65歳以上の高齢者であるという事実。高齢化社会日本の医療、福祉、介護、年金についての議論には熱心なのに、一食として欠かせない食料を、私たちに代わって懸命に支えているのが高齢農漁業者であるという事実と現実には、なぜ真剣に向かい合わないのだろうか。加えて将来の食を担い支える49歳以下の若き農業者はわずかに10％余り、20万人ほどしかいないという現実。しかも労働評価の低さゆえか、毎年２～３万人が辞めていく。果たしてどうなるのだろうか、この国の食料は？

体力も命も限られている70歳代の老農たちに頼っている日本の食と農。問われているのは食料自給率ではなく、食をつくり育てる人々の力、すなわち「食の自給力」なのではないか。もはや私たちは、安くて安全だけを求めるわがままな消費者ではいられない。私たちに代わって食を育ててくれる現場と現実を受け止め、それをしっかりと連携サポートする食と農漁の当事者になることが求められているのではないか。それが出来なければ、私たちの食の未来はない。こうした日本の食と農漁業の厳しい状況を解決し、よりよくしていくための手立てはないのか。私はそのヒントを農産物直売所活動に求めたいと思った。

1990年代に入って全国各地に農産物直売所が続々と誕生した。それは後退を余儀なくされた日本農業が、ギリギリのところでようやくにして見つけた希望の場所である。農産物直売所に行けば、農業と農村が久しく忘れていた笑顔に出会える。生き生きした表情で野菜を運んでくる農婦たちがいる。あきらめを振り払い再び鍬《くわ》を手に取る老農たちがいる。消費者もまた、千里を遠しとせず採りたて野菜を求めてかけつけた。その出会いの感激にお互いの会話が弾む。食卓と田畑の離れていた距離が少しずつ縮まっていった。互助の心と力で全国に2万3600カ所、いまや1兆円産業となった農産物直売所。しかし、直売所は生産者だけの努力で成長したのではない。身近にスーパーがありながら、わざわざ畑に近い直売所に出かけて購入した消費者の力がある。そこには新鮮、おいしい、安いだけではない。地域農業を応援する思いも働いている。そして、ともすればスローガン倒れになる「地産地消」という言葉を実質化したのは農産物直売所活動である。大切に思う心と力の集結から大きな可能性が生まれる。それは経済活動にとどまらず、生産者と消費者の理解と連携、農村と都市の人々の相互扶助の心と力によって、様々な課題を抱えた日本の地域再生、そしてコミュニティー再生の拠点としての可能性もある。

私はこうした農産物直売活動の現場を見ながら、これを中山間地の米づくり活動に生かせないかと考えるようになった。時あたかも2006年、日本農政は「品目横断的経営安定対策」という小農切り捨ての政策をぶちあげた。すなわちこれからは4ヘクタール以上の認定農業者か、20ヘクタール以上の集落営農以外は政策支援しないというのである。私が長年、戦後開拓や中山間地農業の調査で通い続けてきた宮城県大崎市鳴子温泉地区。当時の鳴子温泉地区には620戸の農家があったが、一戸当たりの経営面積は小さく、この政策対象になるのはわずか5戸だけ。99%の小さな農家を切り捨て、もはや中山間地農業は無用とでもいうのだろうか。私は覚悟を決めた。もはや国家のために米を作らず、食の未来を国にゆだねず、もうひとつの道を地域の力で切り開いていこう、と地元の農家や町民に次のように呼びかけた。

この世には、あきらめてはならないことがある。失ってはならないものがある。それは、「生命と生存のための食料」（ソクラテス）と、それを育ててくれる人々と農地である。米が村をつくり、国をつくった。米が水と土と緑をつくり、文化を育んだ。米とともに家族の暮らしと歴史があった。米を失うことは、私たちの最も大切なものを失うことになる。静かに食糧危機が進行している。もう一度、食の作り手と食べ手が向かい合い、互いに支え合う道を切りひらけないか。

この呼びかけに応えて心ある人々が集まって立ち上げたのが「鳴子の米プロジェクト」である。国のためではなく、家族と隣人と友人、知人のために米を育て、その米をみんなで支える。そのために農家が意欲を失わずに安心して米づくりができるように1俵1万8千円を5年間保証し、食べ手はこれを2万4千円で買い支えるという、市場原理とは正反対の活動である。そしてその差額の6千円はＮＰＯを組織して仲介の労をとり、後継者育成などの多様な活動をしている。これには予想をはるかに超える反響と申し込みがあり、２００６年に3戸の農家30アールからはじまった取り組みは、２０１０年には38戸15ヘクタールまで広がり、２０１７年産米もすべて予約で完売した。私は「鳴子の米プロジェクト」に13年間関わり、生産者と消費者、食べ手と作り手、都市と農村が互いに理解し合い、支え合う関係ができれば、大きな可能性が生まれるのではないかと思っている。

この「鳴子の米プロジェクト」の活動をコメのＣＳＡだと当初から強い関心を寄せ、応援し続けてくれたのが本書の著者、門田一徳さんである。彼はアメリカＣＳＡの先進地イサカに10カ月間滞在し、ＣＳＡ農業の実践現場をいくつも訪ね歩いた。野菜畑の労働、収穫、仕分け、箱詰め、輸送、販売に至るまでぴったりと密着し徹底的に取材した。その取材をベースにこの本は書かれている。そしてその実践を日本でやるにはどうしたらよいかという問題意識に貫かれている。それゆえ本書を読めば多くの人がＣＳＡ農業をやってみたくなるのではあるまいか。

それにしてもこの本には30年に及ぶアメリカＣＳＡ活動の現場の試行錯誤から導かれた様々な成果が魅力的なキーワードになってちりばめられている。一例をあげるなら……

●冬も野菜栽培できるウインターＣＳＡ
●人手不足を補うワークシェア会員
●密着取材したＣＳＡマネジャーの仕事ぶり
●低所得に配慮したＣＳＡ
●パンやメープルシロップのＣＳＡ

●ワイン、地ビールのＣＳＡ
●魚のＣＳＡ……ＣＳＦ
●人をつなぐＣＳＡのＮＰＯ活動

詳しい内容については本書で確かめてほしいが、私が最後に強調したいのは、日本でこれまで書かれたＣＳＡの本では抜群にすぐれた書であること。そしてこの本は読んで終わりの本ではない。私たちの食の未来を考えるためにも、この本をテキストにＣＳＡの学びの場をたくさんもちたい。それぞれの想いや考えを持ち寄りＣＳＡの実践塾をやろう。その最初にして最大のテキストが本書である。門田一徳さん、この本を書いてくれてありがとう。

おわりに

２０１７年夏に帰国した後、アメリカのＣＳＡについて講演する機会を何度かいただきました。ペンを慣れないマイクに持ち替えて痛感したのが、ＣＳＡのイメージが湧くような具体的な姿を聴講者に伝えることの難しさでした。「生産者はＣＳＡだけじゃなく、他の販売手法と組み合わせて経営しているんですね」「日本の物価水準で考えて、ＣＳＡのお得感がわかりました」。自分では入念に準備して臨んだつもりでしたが、講演後に聴講者から質問を受け、説明の至らなかった部分に気付き、申し訳なく思いました。

本書には、限られた新聞の紙幅、講演時間では伝え切れないアメリカのＣＳＡの実践例やメリットを、できるだけ詳しく書き込みました。読み終えたあなたは、ＣＳＡという3文字がより具体的な姿になって浮かんできたと思います。本書が、食べる人と作る人のつながりを生み出すきっかけになればうれしいです。

今回、アメリカのＣＳＡを調査・取材するため、10カ月休職するという私のわがままを認め、背中を押してくれた「河北新報社」の同僚、渡米のチャンスを与えてくれた「日米教育委員会」に心から感謝を申し上げます。「フルプレート農場集団」の張逸樵（チャン・イーチャオ）さん、サラ・ウォーデンさんにはイサカでの生活、農業、文化など多岐にわたりアドバイスをいただきました。宮城県大崎市の「鳴子の米プロジェクト」の皆さん、民俗研究家の結城登美雄さんは、この本の執筆を後押ししてくださいました。編集では、「家の光協会」図書編集部の岩澤信之さんに全面的にお世話いただきました。この本の出版にご協力いただいたすべての皆様に、この場を借りて厚く御礼申し上げます。

2019年4月

門田　一徳

著者紹介

門田 一徳（もんでん かずのり）

河北新報記者。1973年、宮城県大崎市生まれ。明治大学文学部卒。1997年に河北新報社入社。青森総局、東京支社、本社報道部などを経て2019年4月から栗原支局。2006年、大崎市の「鳴子の米プロジェクト」の取材でコミュニティー支援型農業（ＣＳＡ）を知る。東日本大震災後、「東北食べる通信」など被災地のＣＳＡを報道。「日米教育委員会」の2016年度フルブライト・ジャーナリストとして10カ月、アメリカ・ニューヨーク州のコーネル大学の客員研究員に就き、ＣＳＡの先進事例を取材。2017年8月、「河北新報」朝刊で7回連載「米国流直売経済」を担当した。

農業大国アメリカで広がる「小さな農業」
進化する産直スタイル「ＣＳＡ」

二〇一九年五月二〇日　第一版発行

著者　門田一徳
発行者　髙杉　昇
発行所　一般社団法人 家の光協会
〒一六二－八四四八　東京都新宿区市谷船河原町11
電話　〇三－三二六六－九〇二九（販売）
〇三－三二六六－九〇二八（編集）
振替　〇〇一五〇－一－四七二四
印刷　株式会社東京印書館
製本　株式会社東京印書館

定価はカバーに表示してあります。

ISBN978-4-259-51867-7 C0061